JN300820

EINSTEIN SERIES
volume 12

歴史を揺るがした星々

天文歴史の世界

作花 一志・福江 純 編

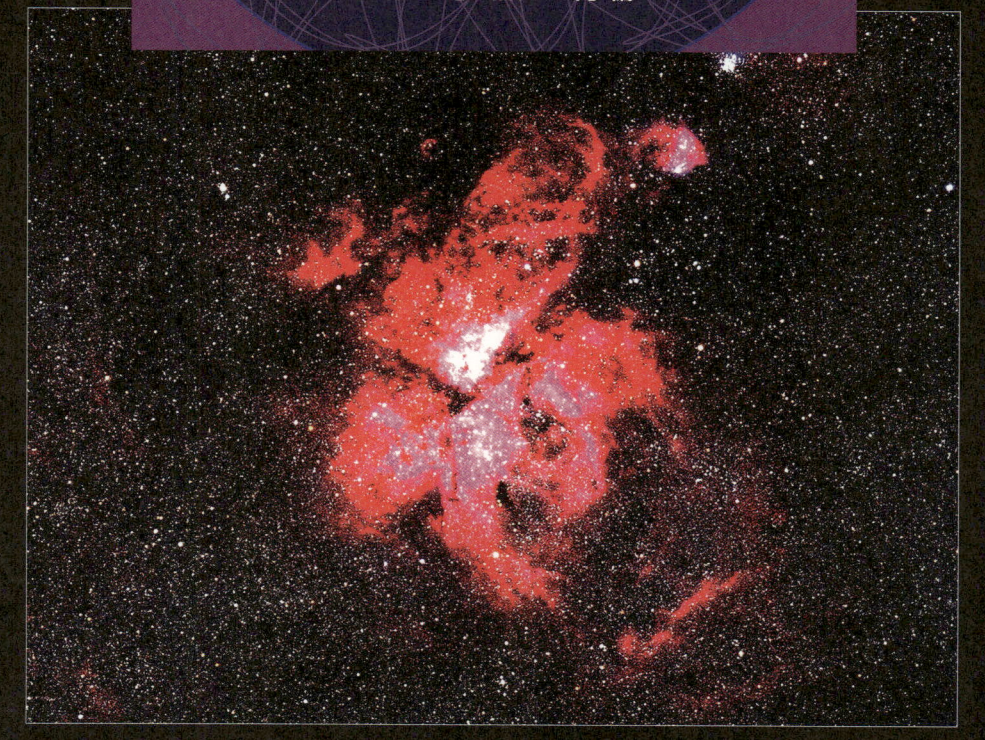

恒星社厚生閣

はじめに

　人類は100年前まで，地球から飛び出す術を知らず，月へ行くことは夢でしかなかった．宇宙の年齢はせいぜい数千万年と思われていたし，宇宙創世は神の領域であった．宇宙の謎を解明するため，光以外の波長による観測，探査機による直接調査などの方法が可能になったのはわずか半世紀前からである．しかし人類は太古から星々とつきあっている．我々の先祖はいつごろからか太陽や星々の動きから，時の流れ・季節の移り変わりを知り，暦を作って農耕生活を始め，また未知の海原や砂漠へ旅するようになった．今日，我々が文明社会を創り出し科学技術を享受できるのは，星々が規則正しい調和のとれた運動を教えてくれたおかげである．恵みの母である太陽が消えていく日食，長い尾を引きながら天空を駆けていく彗星，ある日突然昼間でも輝く客星，天から降ってくる隕石，離散集合を繰り返す惑星たち，……星空を眺めた古人はこれらを記録に留め，記念碑を造り，吉凶を占った．

　これらの天象のあるものは天からの祝福であり，またあるものは警告・命令であると信じられ，歴史を揺るがしたものも少なくない．星々の位置は日時と場所を指定すれば計算できるので，これらの天象をPCの中で再現し，逆にその日時を特定することもできる．実際，日食・惑星集合・彗星の記録は歴史上の事件の解明に貢献している．また現代天文学へ重要な情報をもたらした貴重な記録も少なくない．20世紀後半に急速な進展を遂げた高エネルギー天文学に寄与したのは1054年の客星出現の記録であった．そのおかげで我々は恒星の終末期の爆発，広い波長域にわたる放射，重元素の生成などのメカニズムについての知識を得てさらに新しい分野を開拓することができたのである．

　広い宇宙の中には，地球のように生命に溢れる星があるかもしれない，いやあってほしいというのは昔からの期待であり願望であった．中肉中背中年の平凡な星である太陽の第3惑星だけに生命が発生し，我々だけが唯一の高等生命と考える方が不自然であろう．地球から飛び出し他の星を訪れて，そこに生命を見出す試みは月へ火星へ木星へ，そして今や土星まで進んでいる．これもまた世界を揺るがした天文事件として特記される．

はじめに

　本書では第一篇で紀元前から20世紀までの歴史に残る天文現象を8つほど選んで，その解説を試みた．天文学と歴史学とは現在ではまったく異なった分野に属しているが，古代では分離できない事柄であり，天文が社会と深く関わり合ったことが理解できるだろう．また第二篇では北海道から沖縄まで日本各地に残る天文史跡を実地調査した結果を記した．我が国には明治より前からの天文記録が以外に多いことが理解されよう．星々の誕生・終末の姿が描かれている今日でも，まだ多数の天文記録が眠っている．これらを解明することによって，宇宙に謎を解くキーが見出せるものと，また新たな歴史観が生まれるものと期待される．

　本書が天文学の研究者・教育者・愛好家だけでなく，これまで天文に関心がなかった方々にも新しい導入口として理解されて，読んでいただけることを願望する．本書の出版に際してご尽力くださった恒星社厚生閣の片岡一成氏に厚くお礼申し上げるしだいである．

作花一志

目　次

はじめに …………………………………………………………………………… iii

第1篇　人類を揺るがした天文現象 …………………………………………… 1

CHAPTER1　6000年間の惑星集合 …………………………………………… 3
 1.1　はじめに ……………………………………………………………………… 3
 1.2　五星聚井 ……………………………………………………………………… 5
 1.3　周将殷伐 ……………………………………………………………………… 7
 1.4　歳在鶉火 ……………………………………………………………………… 9
 1.5　夏禹商湯 ……………………………………………………………………… 11
 1.6　おわりに ……………………………………………………………………… 13
  ●COLUMN1●　夏商周王朝系譜 ……………………………………………… 14

CHAPTER2　卑弥呼の日食 …………………………………………………… 17
 2.1　皆既日食の情景 ……………………………………………………………… 17
 2.2　歴史書に見る日食 …………………………………………………………… 18
 2.3　神話の中の皆既日食 ………………………………………………………… 19
 2.4　卑弥呼の日食 ………………………………………………………………… 21
 2.5　日食神話の起源 ……………………………………………………………… 23
 2.6　日食の予報 …………………………………………………………………… 24
 2.7　卑弥呼の日食はなかった?! ………………………………………………… 25

CHAPTER3　陰陽道が怖れた星々 …………………………………………… 29
 3.1　日本で成立した陰陽道 ……………………………………………………… 29
 3.2　花山天皇の退位事件 ………………………………………………………… 31
 3.3　『大鏡』の世界 ……………………………………………………………… 34
 3.4　安倍晴明伝説 ………………………………………………………………… 37

- 3.5 安倍晴明の実像 ··· 39
- 3.6 ハレー彗星出現 ··· 41

CHAPTER4　客星あらわる ··· 43
- 4.1 天界を乱すもの ··· 43
- 4.2 当時の世界 ··· 43
- 4.3 残された記録 ··· 45
- 4.4 超新星SN1054 ··· 50
- 4.5 かに星雲の最新像 ··· 54
- ●COLUMN2● 冷泉家展 ·· 56

CHAPTER5　不吉な放浪者 ··· 59
- 5.1 はじめに ··· 59
- 5.2 歴史の中のハレー彗星 ··· 60
- 5.3 古代中国の記録 ··· 62
- 5.4 我が国の記録 ··· 63
- 5.5 西欧の記録 ··· 64
- 5.6 彗星の天文学 ··· 67
- ●COLUMN3● 「ノルマン征服」のころ ··· 71

CHAPTER6　1908年，天空からの衝撃
　　　　　　―ツングースカの大爆発からスペースガードへ― ················ 73
- 6.1 小惑星2002 MNのニアミス ·· 73
- 6.2 ツングースカの大爆発 ··· 74
- 6.3 最近の天体の衝突とニアミス ··· 77
- 6.4 地球のまわりの小天体 ··· 80
- 6.5 動き出したスペースガード ·· 82
- ●COLUMN4● 「おおかみが来た？!」 ··· 84

目 次

CHAPTER7　火星人からSETIへ ……… 87
- 7.1　突然の恐怖 ……… 87
- 7.2　ローウェルの運河 ……… 88
- 7.3　火星とは ……… 90
- 7.4　火星に着陸 ……… 92
- 7.5　宇宙人探査と通信 ……… 93
- 7.6　SETIの時代 ……… 95
- 7.7　再び火星へ ……… 97
- 7.8　バイキングの後を継ぐもの ……… 99
- 7.9　次は生命！ ……… 101

CHAPTER8　人類，月に立つ ……… 103
- 8.1　月に向けられた人類のまなざし ……… 103
- 8.2　ガリレオの観測 ……… 103
- 8.3　ケプラーの夢 ……… 105
- 8.4　二十世紀のロケット野郎 ……… 106
- 8.5　月に人類が降り立った日 ……… 107
- 8.6　アポロの以前と以後 ……… 116
  - ●COLUMN5●　人類最初の月での言葉 ……… 118

第2篇　日本の天文史跡めぐり ……… 119

CHAPTER9　北海道地方 ……… 121
- 9.1　北海道の日食観測記念碑 ……… 121
- 9.2　ノチウ（星）という岩 ……… 124
- 9.3　クラーク博士像 ……… 125
- 9.4　旧日本郵船株式会社小樽支店 ……… 126
- 9.5　開拓使三角測量勇払基点 ……… 126

目　次

CHAPTER10　東北地方 ……………………………………………129
　10.1　青森県・故一戸博士之碑 …………………………………129
　10.2　青森県・弘前藩校「稽古館」………………………………130
　10.3　岩手県・海図第一号記念碑 ………………………………130
　10.4　岩手県・測量之碑と星座石 ………………………………131
　10.5　岩手県・気仙隕石落下地 …………………………………133
　10.6　岩手県・木村記念館 ………………………………………134
　10.7　宮城県・鹽竈神社の日時計 ………………………………135
　10.8　秋田県・秋田市千秋の天測点 ……………………………136
　10.9　山形県・満月の碑 …………………………………………137
　10.10　福島県・北辰の碑 …………………………………………137
　10.11　福島県・会津藩校「日新館」天文台跡 …………………138

CHAPTER11　関東地方 ……………………………………………141
　11.1　茨城県・長久保赤水誕生地と旧宅 ………………………141
　11.2　茨城県・水戸藩校「弘道館」天文台跡 …………………142
　11.3　栃木県・那須基線 …………………………………………143
　11.4　千葉県・伊能忠敬出生地と旧宅 …………………………144
　11.5　神奈川県・金星太陽面通過の観測記念碑と観測台 ……145
　11.6　神奈川県・デイビス天測点 ………………………………146

CHAPTER12　東京地方 ……………………………………………147
　12.1　江戸幕府の天文台跡 ………………………………………147
　12.2　伊能忠敬の観測所 …………………………………………149
　12.3　渋川春海の記念碑 …………………………………………150
　12.4　高橋景保顕彰碑 ……………………………………………150
　12.5　明治時代初期の天文台 ……………………………………151
　12.6　日本経緯度原点 ……………………………………………153
　12.7　ローエル居住地跡 …………………………………………154

目　次

　　12.8　東京海洋大学の旧天体観測所 ……………………………………155
　　12.9　水路部測量科天測室跡 ……………………………………………156
　　12.10　国立天文台 …………………………………………………………156
　　12.11　日食供養塔 …………………………………………………………157

CHAPTER13　中部地方 ………………………………………………………159
　　13.1　新潟県・三条市の皆既日食観測記念碑 ………………………159
　　13.2　新潟県・出雲崎の天測点 …………………………………………160
　　13.3　富山県・石黒信由顕彰碑 …………………………………………161
　　13.4　富山県・西村太冲顕彰碑 …………………………………………162
　　13.5　石川県・木村栄生誕地 ……………………………………………163
　　13.6　石川県・ローエル顕彰碑 …………………………………………163
　　13.7　石川県・根上隕石落下地 …………………………………………164
　　13.8　山梨県・星石 ………………………………………………………165
　　13.9　三重県・刻限日影石 ………………………………………………166
　　13.10　三重県・日時計石 …………………………………………………167

CHAPTER14　近畿地方 ………………………………………………………169
　　14.1　滋賀県・国友一貫斎屋敷 …………………………………………169
　　14.2　京都府・梅小路天文台跡 …………………………………………169
　　14.3　京都府・三条改暦所跡 ……………………………………………171
　　14.4　大阪府・麻田剛立顕彰碑 …………………………………………172
　　14.5　大阪府・間重富の天文観測地 ……………………………………173
　　14.6　兵庫県・金星過日測検之処碑 ……………………………………173
　　14.7　兵庫県・最初の標準時子午線標識 ………………………………174
　　14.8　兵庫県・明石高校の天測台とトンボ標識 ………………………175
　　14.9　奈良県・益田岩船 …………………………………………………176
　　14.10　奈良県・高松塚古墳の星宿図 ……………………………………176
　　14.11　奈良県・キトラ古墳の天井天文図 ………………………………177

ix

目　　次

　　14.12　奈良県・中大兄皇子の漏刻台跡 …………………………………178
　　14.13　奈良県・天武天皇の飛鳥占星台 …………………………………178
　　14.14　和歌山県・畑中武夫博士の記念碑 ………………………………179

CHAPTER15　中国地方 ……………………………………………………181
　　15.1　鳥取県・天神野基線 …………………………………………………181
　　15.2　島根県・美保関隕石落下地 …………………………………………182
　　15.3　岡山県・本田實の記念碑 ……………………………………………183
　　15.4　岡山県・財団法人倉敷天文台 ………………………………………184
　　15.5　岡山県・源平合戦水島古戦場の碑 …………………………………184
　　15.6　山口県・玖珂隕石発見地 ……………………………………………185

CHAPTER16　四国地方 ……………………………………………………187
　　16.1　香川県・国分寺隕石落下記念像 ……………………………………187
　　16.2　香川県・久米通賢翁銅像 ……………………………………………188
　　16.3　愛媛県・八幡浜の天測記念碑 ………………………………………189
　　16.4　高知県・在所隕石落下地 ……………………………………………190
　　16.5　高知県・谷秦山邸趾 …………………………………………………191
　　16.6　高知県・高知城の正午計 ……………………………………………191
　　16.7　高知県・片岡直次郎の観測所跡 ……………………………………192

CHAPTER17　九州・沖縄地方 ……………………………………………195
　　17.1　福岡県・直方隕石之碑 ………………………………………………195
　　17.2　福岡県・大宰府の漏刻台跡 …………………………………………196
　　17.3　福岡県・からくり儀右衛門の生誕地 ………………………………196
　　17.4　長崎県・金星太陽面通過の観測記念碑と観測台 …………………197
　　17.5　長崎県・伊能忠敬の天測地 …………………………………………199
　　17.6　大分県・三浦梅園旧宅 ………………………………………………199
　　17.7　鹿児島県・天文館跡 …………………………………………………200

目　次

17.8　沖縄県・久米島の太陽石 ……………………………………… 201
17.9　沖縄県・八重山の星見石 ……………………………………… 202
17.10　沖縄県・小浜島の「節さだめ石」 …………………………… 203

おわりに ………………………………………………………………… 205
文　献 …………………………………………………………………… 207

第1篇　人類を揺るがした天文現象

CHAPTER 1
6000年間の惑星集合

1.1 はじめに

　我々の先祖たちはいつの日か，天空に輝く無数の星のうち，5つだけが特別な運動をすることに気づき，特別な名前を与えた．古代中国では辰星（水星），太白星（金星），螢惑星（火星），歳星（木星），塡星（土星），まとめて「五星」と呼ばれ，これらの配置は王朝の運命を左右するものと考えられていた．『史記天官書』[1] や『漢書天文志』[2] にはそれらが詳しく記載され，特に五星の集合は慶事とされた．

　　　　　図1・1　2002年5月12日日没後の西空．ステラナビゲータ（アストロアーツ）より作成．

CHAPTER1 6000年間の惑星集合

　惑星集合とは天球上の狭い範囲に惑星が集まるというだけで，もちろんはっきりとした定義があるわけではない．近年このような現象は2002年5月12日の日没後に起こったが，木星だけは他の4惑星から約30°離れているという緩い集合だった（図1・1）．

　水星・金星・火星・木星・土星の黄経が20°以内に収まる日をBC3000年からAD3000年までの間で検出したところ61回，うち太陽と同方向で観望できないものを除くと36回見つかった．その算出法は作花・中西[3]に記してある．表1・1は黄経差の小さいものすなわち密集度ベスト5である．

　図1・2は6000年間で最もコンパクトな惑星集合を起こすBC1953年2月28日の惑星配置で，水星から土星までの軌道が描かれている．

　このような惑星集合の検出計算はMeis, S.D. and Meeus, J. (1994)[4]が，

表1・1　五惑星集合ベスト5

年	月日	時刻	黄経範囲（度）	星座
BC 1953年	2月28日	日出前	5	みずがめ
710年	6月30日	日没後	6	かに
BC 1059年	5月30日	日没後	7	かに
BC 185年	3月26日	日出前	7	うお
2040年	9月09日	日没後	9	おとめ

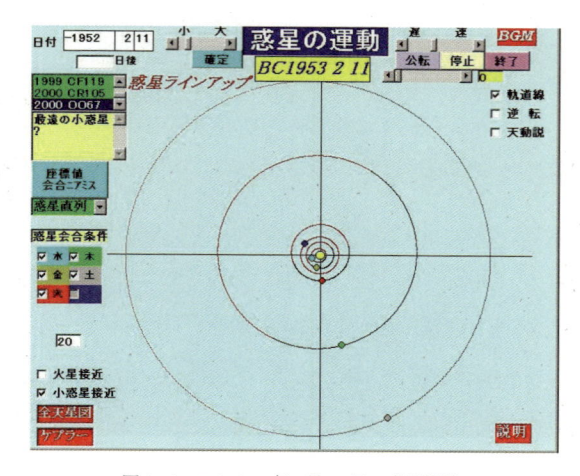

図1・2　BC1953年2月28日の惑星配置．

－3101年から2735年の間で五惑星が天球上25°以内に集まる日として行ない，同じような結果を出している．1.2，1.3，1.5節で述べることについても注で簡単に触れてある．さらにカッシーニ（1625 - 1712年）やラランド（1732 - 1807年）もこれらについて調べていたという．

1.2　五星聚井

図1・3は中国の歴史書『漢書高帝紀』の記述である．その意味は

― 漢元年の冬十月に五惑星が井宿（せいしゅく）の東に聚（あつ）まり，このとき沛公（はいこう）が霸上（はじょう）に到着した．

いまを去ること2200年，秦が滅び漢が興る頃の話である．沛公とは後に漢の初代皇帝高祖となった劉邦のことで，彼が秦の首都咸陽（かんよう）近くの霸上に到着したときに水星・金星・火星・木星・土星が一堂に会したという．『漢書天文志』にはこのことは劉邦が天命を受けたしるしであると書かれ，また『史記』には年代は記されていないが，漢が興るときに五星聚井（しゅうせい）が起こったという記事があり，昔から重視されていた有名な天文現象らしい．中国では星座を○○宿と言い，井宿とはふたご座の南部に当たる．東井とはふたご座の北からかに座にかけての天域である．

漢元年冬十月
五星聚於東井
沛公至霸上
漢書高帝紀

図1・3　漢書高帝紀より

当時の状況は

BC210年：始皇帝の死
BC209年：陳勝・呉広の乱，項羽や劉邦も挙兵
BC206年：秦王子嬰（しえい）（3世皇帝）劉邦に降伏
BC202年：劉邦即位

通常，漢元年とはBC206年を指すが，この年の秋から冬にかけて五惑星集合は起こらなかったことは以前から確かめられている．実際，木星・土星はふたご座周辺にいるが，火星はみずがめ座・うお座あたりにある．そこで数字の写し間違いではないかとか，五星とは必ずしも5個の惑星を意味しないとか，そもそもこの記述は後世の捏造であるとか様々な議論がなされているが[5),6)]，

果して秦末漢初に五惑星集合は起こっていないものだろうか？BC206年にこだわらず，BC300年から300年間，五惑星が25°以内に収まる日を捜してみると5回見つかった．

表1・2　BC300年からBC1年までの五惑星集合

年	月日	時刻	黄経範囲（度）	星座
BC 245年	1月24日	日中	20	みずがめ
205年	5月30日	日没後	21	ふたご・かに
185年	3月26日	日出前	7	うお
145年	7月28日	日中	10	しし
47年	11月29日	日没前	10	へびつかい

このうち2回は太陽と同じ方向なのでその姿は見られない．件の五惑星集合はBC205年の5月末に実際に起こっていた．しかも秦から漢の初期にかけて，これに匹敵するような五星の近接集合は他には起こっていない．薄明の西空に，プロキオンとポルックスとの間に水星・木星・土星が寄り添い，そこからレグルスの方へ火星と金星が連なる．まさに彼らは井宿の東に聚まっていたのだ……．

図1・4　BC205年5月30日20時長安．マウスポインタは金星．

しかしなぜ半年遅れているのだろうか？この食い違いはなんだろう？以下筆者の推測を試みる．

★劉邦はせっかく首都咸陽に一番乗りしたものの，後から圧倒的多数の軍を引き連れて来た項羽に首都を明渡し山中に潜む．その後数年間，彼らは相争うことになる．BC205年の5月といえば劉邦は項羽の前に連戦連敗を繰り返し，大陸を東へ西へと逃げ回っていた頃だ．「現王朝開始の天命が下ったのだからそれにふさわしい時期でなければ」ということで漢の歴史官たちは平民出身の劉邦にハクをつけさせるため，彼が英雄としてデビューした前年にこの天象を繰り上げて記載してしまった！

★五星聚井の年代の記載は『史記』（完成BC90年頃）にはなく，『漢書』（完成AD50年頃）になってからである．司馬遷はその時期が特定できなかったため，あえて書かなかったが，その後なんらかの新資料が見つかったので斑固は年代を記載した．ところがこの資料は漢の元年がBC206年ではなくBC205年というものだった．実際史記の中にも漢の元年について種々の説が混在しているという[7]．

1.3 周将殷伐

「五星聚井」より854年前，同じ月日の同じ時刻に同じ方向で5惑星の集合が起こっていた．惑星たちは7°の範囲に収まるという，BC3000年から6000年間で3番目にコンパクトな惑星集合である．しかも日没後1時間余，西の空かに座に見えたはずで観望条件は非常によい．明るい星のないかに座に5つもの惑星が集合したのだから，多数の人の目に留ったことだろう．BC1059年5月末，時は殷末，酒池肉林などで悪名高い暴君，紂王の世であり，西方では未開の蕃国と言われながらも周が次第に強大になりつつあった．後世の儒家から聖君と讃えられた周の文王は一時紂王に捕らわれの身になるが，贈賄によって許され帰国し，周は急速に膨張する．実際に殷を滅ぼすのは文王の没後，次の武王だが，文王は晩年に西伯として大軍を率いる力をもっていた．密かに反旗を翻す準備をしていた文王は，というよりその参謀である太公望は，この夕の天象を見て「天命下る」と解釈し，殷周革命（1.4節参照）を正当化するための手段に利用したと考えられよう．いや，そこまで考えたのは後世の儒家か

もしれない．この天象の記録は『史記』にはない．しかし唐の時代の占星書『大唐開元占経巻十九』の「周将殷伐五星聚於房」という記載に対応している．集合場所が房宿（さそり座の西部）ではないから誤記事だと考えてはならない．「いつ，どこで」ということは忘れても，事件そのものは長く覚えているということは，現在の我々もよく体験するものだ．阪神淡路大震災のことは一生忘れないだろうが，1995年1月17日という日付は大多数の人から忘れられつつある．

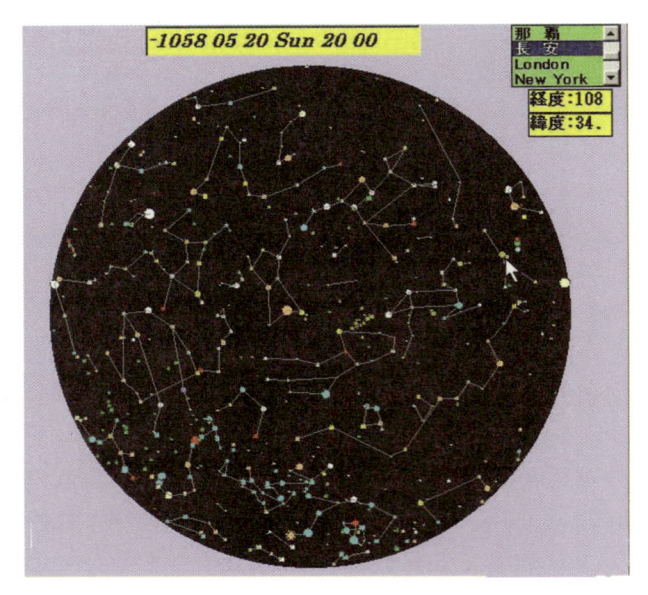

図1・5　BC1059年5月30日20時長安．
マウスポインタは金星土星．

　後世，漢の歴史官・天文官たちは殷周革命のときと秦末漢初に同じ天象が起こっていたことを見つけて，「五星聚井」は平民出身の劉邦が帝位に就くのを天命によるものだと解釈したのだろう．

　ところで『大唐開元占経巻十九』によると五惑星集合は過去3回起こり，最初が「周将殷伐」時で，3回目が「五星聚井」であるという．そして，2回目については「斎恒将覇五星聚於箕」と記されている．春秋時代（BC770～BC450年頃）に落ちぶれた周の王室を担いで諸侯の盟主になった「覇者」が5

人いて，その最初が「斎の桓公」である．斎は山東半島を本拠地とする国で，初代は太公望といわれる．周室や諸侯が桓公を覇者として認めたのはBC660年頃という．紀元前7世紀の五惑星集合は，BC661年1月にしか起こっていない．集合の場は箕宿（さそり座）ではなく，いて・やぎ座であるが，彼が「将に覇たらんとする」時期にはよく合致している．

1.4 歳在鶉火

殷周革命がいつのことかはBC1120年頃からBC1020年頃まで種々多様な説があるそうだが，それを天文古記録から特定できないものだろうか？『漢書律暦志』には『書経』『春秋外伝周語』などの古書が引用され，解説されている．「昔武王殷を伐つ歳は鶉火に在り月は天駟に在り日は析木之津に在り」という有名な文は『春秋外伝周語』からの引用である．上記の文以外にも武王の出兵・行軍・戦勝の日の干支や月の満ち欠けの状況が記載されている．その内容の信憑性には種々の議論もあるそうだが，文献考証はさておき，ともかく『漢書律暦志』の記載から殷周革命の日の特定を試みよう．その解釈にあたっては荒木[8]を参考にした．

鶉火，天駟，析木とはいずれも天球上の位置を表す．古代中国の星座は白道に沿う二十八宿，赤道に沿う十二次，さらに多数の天官の役職に関するものがある．現在の星座では，鶉火はしし座，天駟はさそり座，析木はいて座あたりとなる．1年で天球を1めぐりする太陽が「析木之津」にいるのは現在では1月初めだが，歳差のため紀元前11世紀では11月末から12月初めである．月は28日弱で天球を1めぐりするので「天駟」に在る日の2～3日後には，太陽と同方向すなわち新月となることがわかる．歳とは木星のことで，12年弱で天球を1めぐりする木星が，紀元前11世紀に「鶉

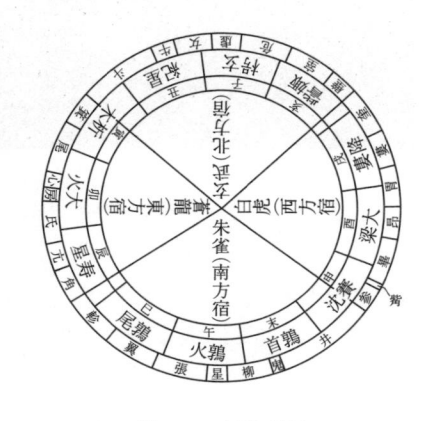

図1・6 中国の星座．
最外の円殻は二十八宿，その内が十二次である．

火」にあるのはBC1071年，BC1059年，BC1047年，BC1035年，BC1023年の夏から翌年の夏までである．したがってこれらの条件を満たす日は5個に絞られ，そのうちで最も適する日を探すとBC1047年11月27日となる．そして『史記周本紀』も『漢書律暦志』も牧野の戦いで殷に勝利を収めたのは「甲子の日」と記されており，1976年に陝西省臨潼で出土した青銅器，利簋にも「武王征商，唯甲子朝」という銘文があるという．甲乙……癸と続く十干，子丑……亥と続く十二支は今日まで連続しているので容易に計算できる．上記の日のあとで甲子の日を探すとBC1046年1月20日，次いで3月21日，5月20日が見つかる．この両者から周はBC1047年11月27日に戦いを始め，翌BC1046年1月20日に牧野の戦いで殷を破ったと考えられる．さらに武王が天位に就いたのは辛亥の日というから同年3月8日となる．

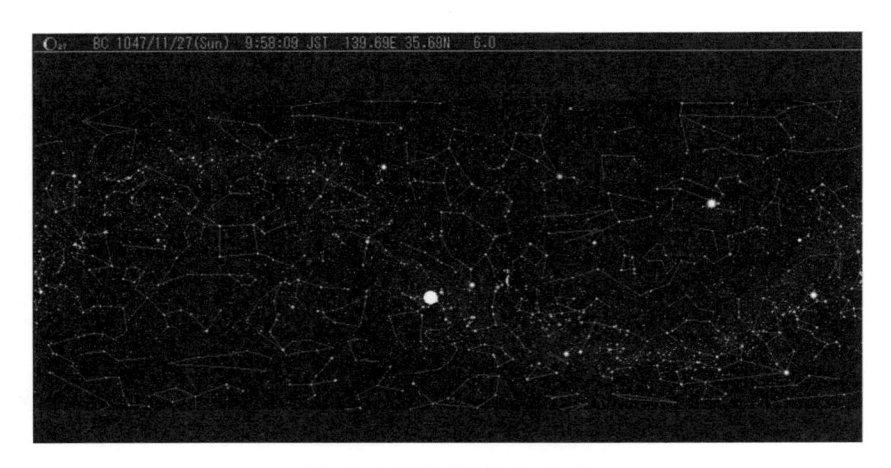

図1・7　BC1047年11月27日9時．
ステラナビゲータ（アストロアーツ）より作成．

『漢書律暦志』には，文王は「受命9年」で没し，武王が殷を滅ぼしたのは「文王の受命より13年に至る」と記されているが，果たして受命とはなんだろうか？ BC1046年が受命から13年後とすると，天命が下ったのはBC1059年である．文王が天から受けた非常に重要な命令は天空に描かれたと考えてみると，その年の5月末に起こった五惑星集合こそまさにこの天命にふさわしい．

以上をまとめると
 BC1059年5月 ：文王天命を受ける
 BC1051年 ：文王没，武王継承（受命より9年目）
 BC1049年 ：武王挙兵するが撤兵（上記の2年後）
 BC1047年11月：武王再度出兵する（上記の2年後）
 BC1046年1月 ：牧野の戦い，紂王自殺し殷滅亡（受命より13年）
    3月 ：武王天位に就く

1.5　夏禹商湯

　BC1953年2月末早朝，木火土金水がみずがめ座に集合した．その範囲は5°で，6000年間で最もコンパクトな五惑星の集合である．木星はやや東に離れているが火土金水は0.5°の範囲にひしめき合っているというすばらしい集いだ．日の出前の6時半頃，東南の高度約5°という低い空に起こったイベントを眺めたのはどんな人々だっただろう．ほとんどの民族はまだ先史時代で歴史的な記録はないが，微かな伝承として残ってはいないだろうか？

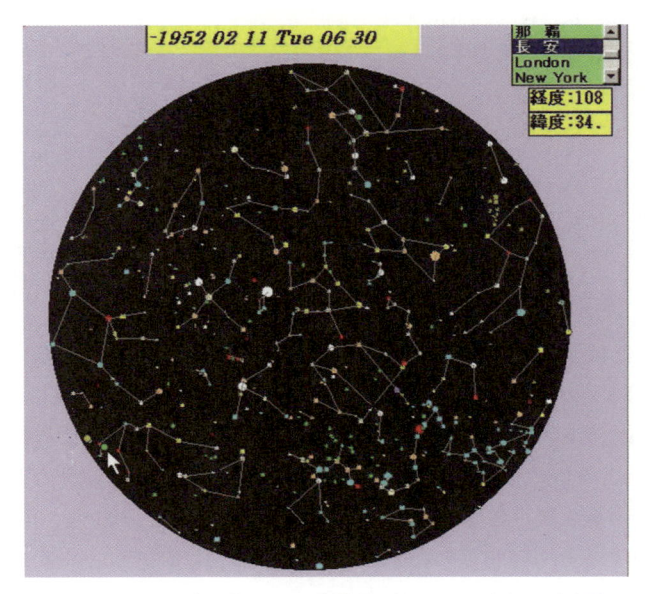

図1・8　BC1953年2月28日20時長安の空．マウスポインタは木星．

CHAPTER1　6000年間の惑星集合

エジプトのナイルの両岸にはすでにピラミッドが建てられ，絵文字が使われていた．その文明の光はまだエーゲ海までで，ギリシャ本土には届いていない．メソポタミアではハンムラビもアブラハムもまだ生まれていない．我が国では縄文時代，中国では殷の前の夏の時代になる．近年，実在が有力視されている夏王朝の始まりは紀元前21世紀ともいわれ，初代禹は黄河の治水の指導者で伝説の聖帝堯，舜の次に天子に推戴されたという．出典は明らかでないが，「禹の時代に五星が連なり輝いた」という伝承を1800年後の漢時代になって記載したという話があるそうだ[9]．普段さびしいみずがめ座のこと，天変として語り継がれても不思議はない．焚書坑儒を免れた竹簡か何かでこのことを知った漢の天文官は「これこそ天が古の聖天子，禹を讃えたもの」と考えたのではないだろうか？そして夏や周と同じく漢も五星の集合という天命によって興ったものとして，漢王朝の正統性を主張したのではないだろうか？

表1・3　中国古代王朝の始まりと惑星集合

王朝	年	月日	時刻	黄経範囲(度)	星座	惑星
殷(商)	BC 1674年	9月05日	日出前	7	おとめ	水火木土
	1635年	11月12日	日没後	9	いて	水金木土
	1595年	4月29日	日出前	6	おうし	水金木土
	1576年	12月20日	日出前	4	いて	水火木土
	1573年	3月10日	日出前	8	やぎ	水金火木
	1529年	12月05日	日出前	3	いて	水金火木
	1526年	2月18日	日出前	8	みずがめ	水金火木
夏	BC 1973年	5月02日	日没後	20	ふたご	五惑星
	1953年	2月28日	日出前	5	みずがめ	五惑星
	1913年	7月05日	日中	13	かに・しし	五惑星

夏は17代桀王のとき殷の湯に滅ぼされるが，これは最初の王朝交代戦であった．例によって初代湯王は聖君で，極悪非道の夏の桀王を放伐し諸侯から天子に推されたという．この事件はBC1600年頃といわれ，上記の『漢書律暦志』によると，この年に「歳は大火に在った」という．木星が大火すなわちアンタレス（さそり座α星）の近くにいるのはBC1613年，BC1601年，BC1589年，BC1577年の秋から翌年夏のことである．紀元前16世紀，17世紀には五惑星集合は起こっていないが，四惑星集合はいくつか見られる．その中で最も観望

しやすく人々の記憶に残りやすいものはBC1576年12月末，いて座への水星・火星・木星・土星の集合であろう．

惑星集合は王朝交代の兆しというのはできすぎた話で，筆者はこんな相関を主張して占星術を述べるつもりはもちろんない．むしろ漢初の五星聚井を漢の正統性の根拠とするため，逆に夏殷周漢の始まりをすべて惑星の大集合が起こった時期に設定したと考えた方が自然だろう．歴史を揺るがしたのは五星ではなく，実は天文官歴史官なのかもしれない．

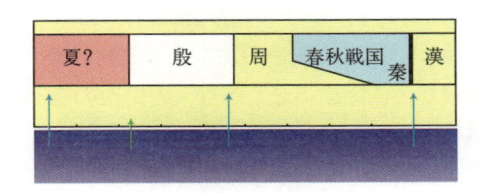

図1・9　中国古代王朝．

1.6　おわりに

6000年間の五惑星集合において，密集度からすると表1・1のようにトップはBC1953年に，3番目はBC1059年に起こっている．そして2番目は710年6月末，玄宗の即位前夜で，盛唐の都である長安が国際都市として栄えた頃に起こっている．しかも「大唐開元占経」が書かれる少し前の天象というのが何やら胡散臭い気がする．則天武后によって中断された唐を再興した玄宗の即位は古の聖君による王朝開始と同じく天命によるものと言いたげである．この占星書は大阪市立科学館で見せてもらった．これについてご存知の方はぜひともお知らせ願いたい．

この小文は中国古代史を解説するものではないので，文献考証は度外視していることをご容赦願いたい．煩雑な惑星軌道計算を視覚的に表示するソフトによる計算結果と歴史上の記録との照合の試み，いわば歴史を古文・漢文からではなく，数学から眺めようするものだ．大略は作花[10]に基づいているが，詳しくは巻末の文献を参照されたい．この惑星軌道図や全天星図の日付はグレゴリオ暦となっているが，本文中ではユリウス暦に変換した．

●COLUMN1●

夏商周王朝系譜

「史記」は司馬遷（BC145?‐BC87）によってBC90年頃成立した．それは12本紀，30世家，8書，10表，70列伝からなり全部で130巻という大著である．単に王朝の推移の記載だけではなく，暦書・天官書などをも含み，その後の中国の歴史書のお手本となった．その第1巻は黄帝－顓頊－帝嚳－帝堯－帝舜という理想の聖帝の続く五帝本紀である．最初の世襲王朝は舜から禅譲を受けた禹に始まる夏であり，夏の次の商（殷）もその次の周も帝嚳の子孫と称している．また秦は夏と同じく帝顓頊の子孫と称した．なお夏の末裔は杞，商の末裔は宋という小国で周に従い，春秋戦国時代まで続いている．ただし夏商周の版図は黄河中流を拠点とするもので，中国全土を占めていたわけではない．

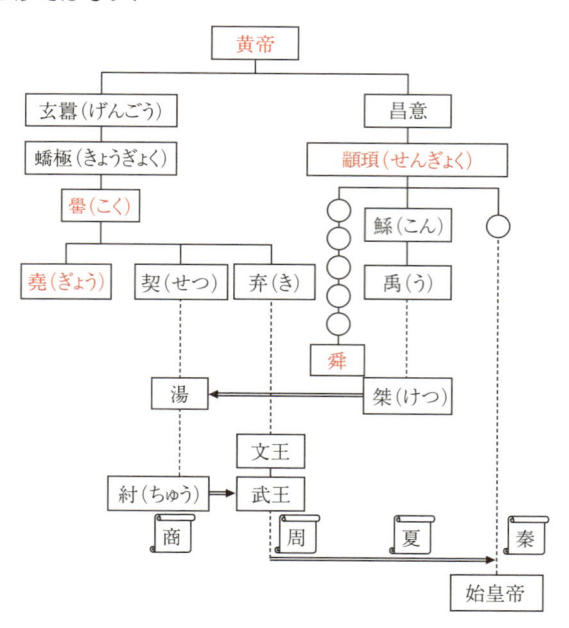

図1・10　赤色は五帝を示す．

1996年5月，中国で「夏商周断代工程」という夏・商・周の三王朝にわたる年代を確定しようという大規模なプロジェクトが正式に開始した．中国の文献史学・考古学・天文学によるこれまでの成果を総動員したもので，その結果，古代王朝の開始年として「夏はBC2070年，商はBC1600年，周はBC1046年」という中間報告が2000年11月になされた．

　商・周についての紹介文では「武王克商の年代はこれまで44の候補があったが，このたび文献・遺跡・天文記録・古暦などから総合的に判定され，BC1046年1月20日に確定した．」と記載されていた．詳しい導出方法はわからないが，その年月日は筆者の結果と一致していた．

CHAPTER 2
卑弥呼の日食

2.1 皆既日食の情景

　地球上の我々から見て，太陽が月に隠される現象を日食と言う．

　日食は年におよそ2回の割合で，地球上のどこからか見られる．特に，太陽が月に完全に隠される現象を皆既日食と言い，これが見られるのは，数年に一度である．日本列島という地域に限れば，皆既食が見られるのは数百年に1回という低い確率である．

　皆既日食は，特別な装置を用いずに，太陽の外層大気のコロナを観察することができる唯一のチャンスである．そのため，学術研究を目的とした観測がなされるだけでなく，最近では，その機会に合わせて海外旅行をし，そのめずらしい自然現象を楽しむ人も多い．

　皆既日食の情景は，とても美しく，印象深い．

　食が始まると，真っ黒い月が太陽の中心に向かって真っ直ぐに突き進んでいく．太陽が糸のように細い弧になると，地上の光景は夕暮れのように薄暗くなる．太陽がついに見えなくなる寸前に，1点から光がもれる姿はダイヤモンドリングと呼ばれる．

　太陽が完全に隠されると，太陽の数倍の広がりをもつ真珠色の光があらわれ，その中心にある黒い月を際立たせている．これがコロナであり，その光は太陽から伸びる無数の条線を束ねたような繊細な構造をもっている．月の縁のあたりを注意深く見ると，太陽の縁から突き出した雲状のピンク色の光があちらこちらに見られる．これがプロミネンスである．

　頭上の空は夜のように暗く，昼間であるのにいくつかの星々さえ見えている．地上の風景は日ごろ見慣れたものとはまったく違った，薄暗い別世界である．

　しかし，この美しく怪しい光景も数分間しか続かない．月の縁にピンクの光

CHAPTER2 卑弥呼の日食

が現れたと見えた次の瞬間，そこに明るく鋭い光が現れる．これが第2のダイヤモンドリングの瞬間だ．みるみるうちに光が強まり，地上も元の光景に戻り，皆既は終わる．

日食は私たちにとって特記すべき自然現象であるが，地震や台風のような災害ではない．継続時間はおよそ2時間で，皆既は数分間で終わり，まったく痕跡を残さない．しかし，皆既日食を自分の眼で見た人は「大宇宙の中に自分は生を受けたのだ」という実感と感動を持つに違

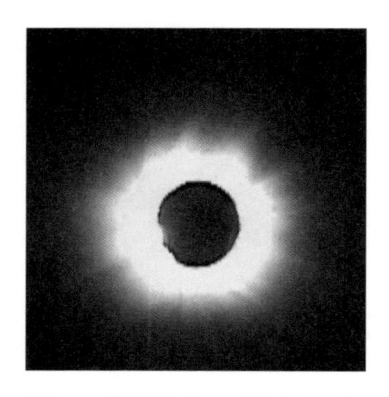

図2・1 皆既日食（1999年トルコにて）．

いない．これが，現代人にとっての日食なのだ．

2.2 歴史書に見る日食

古代の人間にとっての日食という現象は，現代の私たちとはまったく違って，人間に深い関わりをもつ驚天動地の大事件であったのだろう．そのことを，成立が古くて有名な書の中に，古代の日食がどのように記載されているかを見てみよう．

BC5世紀の歴史学者ヘロドトスが著した『歴史』[1]という書には，古代ギリシャとその周辺の歴史と地理が記されている．その中にBC7世紀に起きた日食の記事があり，それは「タレスの日食」と呼ばれて有名である．その書には次のように書かれている．

「小アジアのリディア国と東方イラン高原のメディア国は，長い間，戦争状態にあった．ある年の，国境での合戦の最中に，明るい昼が突然に真っ暗な夜に変わってしまった．驚いた両国は，直ちに戦いを止め，和平の誓約をした．

これは，日食であり，ミトレスの哲学者タレスがイオニアの人々に予言していたものである」．

日食が平和をもたらしたという，誠にめでたい話である．ここでは，哲学の父といわれるタレスが日食の予報を始めたことになっている．

18

古代中国の伝承には，有名な「義和の日食」と呼ばれるものがある．これは，中国の春秋時代に孔子が編纂したと伝えられる『書経』という歴史書に，次のように記されている[2]．

「夏の仲康皇帝の時代に，義氏と和氏という兄弟の天文学者が暦を司っていた．しかし，彼らは，日頃から酒ばかり飲んでいて，日食の予報という大切な任務を怠った．ある日，突然に日食が起こり，国中が大騒ぎになった．そのため，皇帝は大層怒り，胤という高官に命じて二人を誅伐した」．

怠け者には首筋が寒くなる話である．「義和」の日食をそのまま信じれば，BC2000年頃にさかのぼる太古の出来事である．

我が国の最も古い記録としては，日本書紀[4]に，推古朝36年（AD628年）の出来事として，
「日有蝕尽之（日，はえつきたることあり）」とある．

女帝が病床にあるときで，その9日後に崩御した．「蝕尽」という語句から見て，当時の都があった明日香地方を皆既日食が襲ったのであろう．時がときだけに，人々は，大変動揺したに違いない．その様子は何も記されていないが，日本書紀のこの部分の文脈は，実際に見えた日食を，女帝の死と「占星術的に」関連させていることがうかがわれる．

これらの話は，いずれも，日食という現象が人々に多大な衝撃を与えるものであったこととともに，日食の予報についても語られている．そのような技術が，歴史から見ておぼろげな古代においてすでに行なわれていたとすれば，現代の我々には1つの驚きである．

2.3 神話の中の皆既日食

歴史をさらにさかのぼって，世界各地に伝わる神話や伝承物語の世界に分け入ってみると，その中には，昔の人々が日食に遭

図2・2 清代に描かれた義氏と和氏．（ニーダム，J.『中国の科学と文明』より転載[2]）．

CHAPTER2　卑弥呼の日食

遇したときの驚きが基になったと思われる物語が数多く含まれていることがわかる．

日食といえば，日本人の多くは，日本神話のハイライトである「アマテラスの岩戸隠れ」の物語を連想するだろう．それは，古事記の神代記に，次のように書かれている[3]．

「スサノオはアマテラスとの戦いに勝ったとして驕(おご)り荒(すさ)び，高天原(たかまがはら)で次から次へと乱行におよんだ．田畑を荒らす．神聖な御殿に汚いものをまき散らす．大変な騒ぎとなった．アマテラスは自分の弟のことなので，初めは大目に見ていた．しかし，スサノオが神聖な機織の館に，生剥ぎにした馬皮を放り込み，驚いた一人の織姫が怪我をして死んでしまった．ここに及んでアマテラスはついに怒り，天の岩戸に隠れてしまった．

太陽の神が隠れたものだから，世の中が真っ暗になり，悪いことが次から次へと起こった．高天原の神々は困り果て，アマテラスが岩戸から出てくるように，盛大な祭祀を執り行なうことにした．

神々は手分けをして，祭りのための鏡，玉，御幣(みてぐら)などを新しく作った．

八百万(やおよろず)の神が天の岩戸の前に集まって祀りが始まった．アマノコヤネが祝詞を読み上げた．アマノウズメはひげかずらをたすきにかけ，つるまきを髪かざりにし，笹を手にもって，桶を逆さにしたその上で踊った．桶を踏み轟かせ，胸乳をあらわにして踊り狂った．踊りが最高潮に達したところで，裳裾の紐を押し下げて陰部があらわになったので，神々がどっと笑った．

アマテラスは外で何が起こったのかと，岩戸をそっと開いた．岩戸から一筋の光が洩れた．フトダマがすかさずそれに鏡を向けた．アマテラスは自分の光のまぶしさに，ますますあやしく思い，岩戸から一歩踏み出した．そこを岩陰に隠れていたタジカラオがその手をもって引き出し，アマノコヤネがすばやく注連縄(しめなわ)を張って天の岩戸を塞いだ．

天地に再び光がよみがえった」．

この物語の語り口は，皆既日食の緊迫した情景をまざまざと再現しているように思われる．特に，アマテラスが岩戸から光とともに現れる瞬間は，ダイヤモンドリングの出現を描写してあますところがない．古代に人々が日食という自然現象を驚天動地の大事件として受け止め，それが民族の心に深く刻み込ま

2.4 卑弥呼の日食

れ，後世に語り継がれてきたものであろう．

図2・3 アマテラスとスサノオの争い（絵：坂元誠）． 図2・4 天の岩戸（絵：坂元誠）．

2.4 卑弥呼の日食

　現在では，古記録に記された日食について，年月日と場所，時刻などを，計算によってかなり正確に再現することが可能になっている．惑星，地球，月の運動を記述する天体力学は19世紀にほぼ完成されていて，1887年に，オッポルツァーは，BC13世紀からAD22世紀にわたって，世界中で見ることのできる日食について，その計算結果のすべてを載せた『日食宝典』（原題）を発表した．この書は，古文書にある日食の記録があった場合，その年代が確定することができるので，暦年代の編成には多大な貢献をしてきた，まさに「宝典」と言えるものである．しかし，特定の場所で，どの時刻に，どれほどの食分の日食が見られたかを知るには，より詳細な計算を必要とする．

　故 斉藤国治（旧東京天文台教授）は，古い記録と，天文計算の結果を付き合わせて，歴史書の中の記録や，古代の様々な伝承が，実際に起こった天文現象と深い関わりがあることを明らかにしてきた．その一連の研究の中で，AD3世紀，邪馬台国の卑弥呼の時代に，我が国で皆既日食があったことを指摘した[5]．さらに，その事件が「アマテラスの岩戸隠れ」の伝承を生んだことを示唆している．神話の中のアマテラスは，実在した卑弥呼その人ではないか，という衝撃的な仮説である．

　まず，AD2世紀から3世紀にかけての卑弥呼の事跡が記されている，中国の

21

CHAPTER2　卑弥呼の日食

史書である三国志の魏志倭人伝を覗いてみよう．

「倭(わ)国は多数の小国からなり，戦乱が絶えなかった．そこで，人々は邪馬台国の卑弥呼を倭国女王として擁立し，やっと大国としての纏まりができ，大陸の魏国との交流も幾度かなされるまでになった．

平和な時代が続くように見えたが，隣国の狗奴(くぬ)国はそれに従わず，邪馬台国との間で諍(いさか)いが続いていた．卑弥呼は魏国の権威を後ろ盾にして，事態をなんとか収めようとした．卑弥呼の要請にしたがって魏国からの使者もやってきた．

しかし，突然に，卑弥呼に死がおとずれた．

国土は再び戦乱にまきこまれた」．

歴史学では，卑弥呼が死んだのはAD247年か248年のことだとされている．斉藤の計算によれば，ちょうどその頃，247年3月24日（グレゴリオ暦換算）と248年9月5日に，いわば連続して，日本列島で皆既日食が見られたというのである．

斉藤は，この計算には不確定な要因が残るとしながら，詳細な計算を進め，その日食の状況を詳しく述べている．

AD247年の日食では，全国的に，日没近くになって太陽が欠け始める．太陽が欠けたまま沈むのが見られるのであるが，特に，西端の北九州では日没直前に皆既となり，太陽は月に隠された黒い姿のままで西の地平線に沈んだという．そうであれば，まさに愴絶な光景である．人々は，もう夜が明けることは永久にないのではないか，という底知れぬ恐怖に襲われたに違いない．

一方，AD248年の場合は，日の出直後に太陽がかけ始め，北緯37°付近の東西に伸びる地帯では皆既食が見られた．大和地方や北九州では食分は0.95以上に達し，いわゆる深食であったという．

稀にしか見ることができない皆既食と卑弥呼の死の時期が重なっていることは，

図2・5　AD247年の日食の想像図．

不思議といえば不思議である．

2.5 日食神話の起源

　卑弥呼の死の年に皆既日食があったという事実は人々の関心を惹きつけた．

　多くの古代史研究者もこの事実に注目している．加藤真司の『古事記が明かす邪馬台国の謎』で，安本美典は『倭王卑弥呼と天照大神伝承』[6] の書の中で，これらの日食が契機となって，卑弥呼の復活神話が生まれ，それが我が国の王家の最高神である「アマテラス大御神」となったとしている．小説家の井沢元彦は，卑弥呼の死と日食の時期の一致は偶然ではなく，日食は彼女の霊力衰えの徴であるとして民衆に虐殺されてしまったと，話を膨らませている[7]．

　考古学でも，AD 3 世紀頃の祭祀遺跡に日食の祭りが行なわれた形跡があるとの示唆をする考古学者もいる[8]．

　また，邪馬台国の所在が北九州であったのか，近畿地方であったのかの論争に，これらの日食がなんらかの鍵をもたらすのではないかと，期待する向きもあるのではないか．

　しかし，この「卑弥呼の日食」の詳細については，後の章で述べるように，天文学の中で，まだ決着がついたわけではない．また，日本神話そのものについても，多くの議論が残されている．

　神話の成立の過程について，神話学，歴史学，文化人類学など，様々な分野からの多くの論考がある．遠い過去に，日本列島に，南から，西から，北から，様々な民族が，新天地をもとめて，やって来たのであるが，それぞれの民族の伝承を，それぞれの故郷から携えて来たのだろう．日本神話は，そのような物語の集積から，醸しだすように，生まれたものと考えなければならない．「アマテラスの岩戸隠れ」神話は，インドシナ半島に残る日食神話と非常に共通する要素があるといわれている．そのように考えると，「天の岩戸」の日食神話が，「卑弥呼の日食」のような特定の場所，時刻で起こった 1 つの事件だけから生み出されたものではないだろう．

　一方，古事記，日本書紀に書かれた日本神話は，民衆が語り継いだ物語をそのまま記載したものではない．日本という国を 1 つにまとめる目的をもって統治者の意向のもとに，編集し記述されたという特異な位置づけにあるものであ

る．現在，我々が見るものは，9世紀の奈良時代に成立したが，その大元の筋道となる国の歴史書が最初に編纂されたのは，7世紀の推古朝の時代あたりであると考えられている．したがって，「アマテラスの岩戸伝説」の成立の背景として，「卑弥呼の日食」だけではなく，「推古の日食」にも動機があったと考えるべきだろう．

2.6 日食の予報

古記録にある日食に関する記述を見ると，その現象が人々の心に大きな衝撃を与えるものであったことがわかるとともに，日食の生起をなんとか予測しようとする努力を，文明の黎明期ともいえる古い時代から人々が行なっていた形跡を読み取れる．

BC 7世紀の「タレスの日食」では，哲学者のタレスが日食の予報をしていたとされている．それは，彼独自の発明ではなく，バビロニアの天文学がギリシャに伝えられ，それが基になっているとされている．

「義和の日食」では，BC 2000年頃の夏の時代に日食の予報が行なわれていたことになっているが，現代の科学史では，日食の予報がそんなに古くから行なわれていたとは認められていない．書経の実物は残っておらず，この話が書かれている巻は，後漢時代（AD 2世紀頃）に成立した偽書であるとも言われている[2]．

「推古の日食」において，当時の官庁が日食を予報する力があったかどうかは明らかではない．記録上では，我が国で初めて正式に暦が施行されたのは，持統朝のAD 690年のことで，中国の元嘉暦と儀鳳暦を移入したとある．推古の時代にすでに中国の暦が伝わっていた可能性があるが，日本書紀の記述は，予報ではなく，その日食を実見したことをうかがわせる．

古代の中国と我が国の暦はすべて太陰太陽暦であり，そこでは太陽と月の動きを算出して朔日（月の始め）を決定した．それに加えて，日月食の予報を暦に加えることが重要な任務であり，その伝統はその後の暦法に引き継がれた．日食の予報が出た日は，宮廷も官庁も堅く閉ざされ，一切の政務を休止したそうである．当時の予報はあまり正確ではなかったであろう．平安時代の記録と現代天文学の計算を比較してみると，当時の日食予報は常に「多め」に出され

ていて，的中率は1/3にも満たなかったといわれている[9]．

　現代の科学はよほどの勢いで進歩しているが，それでも，天気予報が当たる確率は良くて80％であり，地震については不可能だといってもまだまだ過言ではない段階である．それに対して，毎年，発行される天体暦の日食予報では，それがいつ，どこで起こるかは，時刻にして何10分の1秒，位置にして何mの精度で，予報をすることが可能である．これは，天体力学の法則が，地球上の現象と比較して単純であり，簡潔に記述できることによる．

　人間は，自然や社会における状況の変化を将来予測したいという願望をもち続け，それが科学技術を発達させる原動力となったと言える．

2.7　卑弥呼の日食はなかった？！

　斉藤国治は，「卑弥呼の日食」の天文計算について，最初から，留意すべきこととして，近年の日食については非常に高い精度で予報をすることができるが，千年とか数千年の過去にさかのぼっては，不確定要素が残ることを指摘している．したがって，卑弥呼の死と皆既日食の時期の一致は，歴史的事実として天文学的に確定されたわけではないのである．

　2003年6月，京都で開催された天文学と歴史をテーマとしたシンポジウムが開かれ，そこで，先述の卑弥呼の日食も話題となった．そのときに，国立天文台の谷川清隆氏の講演は，聴視者に大きな驚きをもたらした．氏の講演は，古文書の日食記録と最新の天体力学の理論を比較調査した結果を紹介するもので，問題のAD247年と248年の日食は，見直しが必要である，というものである．これは，2003年3月の天体力学の研究会で発表された，河鰭公昭（名古屋大学名誉教授），谷川清隆，相馬充（国立天文台）による研究である．

　日食計算を行なうときに問題となるのは，地球の自転周期が過去においてどうであったかであり，斉藤氏が不確定要因としたのは，まさにその点である．

　地球の自転周期は次第に遅くなっているのだ．その最大の要因は，海洋の潮汐である．月と太陽の力と地球の運動で，海洋が一方向に膨らんでいるため，それが地球の回転にブレーキをかける働きをする．このことは，20世紀の初め頃に判明していて，現在の日食の計算に織り込まれており，斉藤氏の計算もその立場による計算方法を用いたものであった．

CHAPTER2　卑弥呼の日食

　しかし近年に，原子時計やアポロ月探査などをはじめとする高度技術による，様々な計測により，地球の自転は，潮汐だけではなく，その他の未知の要因があって，変動に揺らぎがあることが明らかになってきた．しかし，それを過去にさかのぼって理論的に推定することは，現代の力学理論では，不可能である．

　そこで，ステファンソンは，古文書の日食の記録を丹念に調べ，それを基にして，過去の地球自転の変動を求め，1997年に発表した．彼は，バビロニア，古代ギリシャ，アラブの古文献の中から，当時の人々が，確実に，皆既食または金環食を実見したことが確定できる記録を選び出し，先に述べた「古い計算方法」の結果と比較した．先に述べた，日食を暦年代の決定に用いるのとは，逆の発想である．その結果，例えば，BC500年の日食を計算するには，古い計算方法よりも，時計を2時間30分ほど早める必要があることを明らかにした．

　河鰭，谷川，相馬の研究は，ステファンソンの研究の延長上にあり，古代中国と我が国の日本書紀に記述された日食の記事を，同様な立場で，詳細に調べることにあった．

　例えば，AD628年の推古天皇の日食については，古い計算法では，明日香地方で部分食となるが，それを日本書紀の文面どおり皆既食が実際に見えたとすれば，他の記録と付き合わせて，矛盾がないという立場をとっている．これらの研究から，紀元頃から11世紀頃までの，ヨーロッパとアラブにおける記録の空白を埋めることができ，過去の地球自転の変化の全貌が明らかになった．その結果，AD5世紀頃の日食では，同様に，およそ40分の時計の遅れを見込まなければならない．

　この研究では，地球自転の遅れが，海洋潮汐によるブレーキだけではなく，地球の気候変動により南北極の氷が解けて，海水面が上昇していることが原因している，と結論づけている．

　谷川氏の講演によれば，卑弥呼の時代，3世紀の日食計算では，古い計算法と比較して，時計を50分ほど早める必要があるという．例えば，AD247年3月24日の日食については，斉藤氏の計算によれば，北九州で日没時に皆既食が見られたという結果であったが，新しい理論では，この50分の違いのため，皆既帯は九州よりも，遙か西の方にあって，我が国の人々が見たのは，少し欠けた太陽が沈む情景，であったことになる．AD248年の場合も，大和でも北

2.7 卑弥呼の日食はなかった？！

九州でも皆既食は見られないという．

　これによって，伝説上の女神アマテラスと歴史的人物である卑弥呼を結ぶ，壮大な日食ロマンは，あえなく潰えたと言えるのだろうか？今後の詳細な検討が待たれる．

　日食という現象が，どの時代でも，様々な形で，人々の心に深い印象を残すものであることを見てきた．日食が起こっても，人間に，なんら，物理的な災害をもたらすものではない．しかし，人間の心に強く作用して，人間の歴史を動かすものであった，と言えるかもしれない．

　日食という現象は，天文学の1つのテーマという枠組をはみ出して，様々な学問分野において，実に興味深い対象となっている．日食は，私たちにとってロマンであるが，そのような学際的な研究の発展過程も1つのロマンである．

CHAPTER 3

陰陽道が怖れた星々

3.1 日本で成立した陰陽道

1）陰陽道と陰陽寮

　陰陽道は，中国の陰陽・五行説をもとに日本で成立した呪術と占いの体系である．陰陽説と五行説は，本来は別の体系で，自然や人間界の出来事を陰と陽の移り変わりで説明しようとする陰陽説の方が古い．一方，五行説では木・火・土・金・水の5つの要素が連続的に循環するとされた．この順序は相生説と呼ばれ，木が水を生じ，火は土を生じるというふうに変化し，惑星，色，味覚などあらゆるものがこの5つの要素に当てはめられていった．さらに，天の怪異と地の災害は君主の徳のなさを天が警告したものだとする儒教の天人相関の思想が加えられ，天の意志を知るために天文観測が重視されるようになる．

　陰陽寮という官庁名が最初に見えるのは，『日本書紀』の天武天皇の4年（675）正月の記事で，その直後には「始めて占星台を興す」とある．天武天皇は「天文・遁甲を能くす」（遁甲は占いの一種）と記されているように，こうした技術に特に関心をもっていた．ただ，陰陽道という言葉は中国にはなく，日本でも平安時代中期から一般化した言葉である．陰陽道は陰陽・五行説の他に道教（中国の民間信仰），密教，風水思想などいろいろな要素が融合して成立した．そこで，陰陽寮は陰陽道をするために設けられた，というより，陰陽寮は陰陽道の成立の場だった，という方が実情に近い（「陰陽道」は一般には「おんみょうどう」と読んでいるが，研究者や辞書では「おんようどう」と読むことが多い．「陰陽寮」，「陰陽師」も同じ）．

　律令制では太政官のもとに八省が置かれ，政務を分担していた．そのうち，中務省は，勅書の作成など天皇の秘書的な役割を果たしたが，陰陽寮はこの中務省に属していた（図3・1）．陰陽寮は，頭（長官）を筆頭に，陰陽師，陰

陽博士，暦博士，天文博士，漏刻博士などで構成され，その下に見習いの学生(がくしょう)がいた．陰陽師は占いと相地（風水）の実務を担当し，陰陽博士は学生の指導をした．天文博士は，天変があればそれについての占いを添えて内裏に密奏（密かに報告）し，天文現象のみを中務省に送り国史に載せることになっていた．また，漏刻博士は，漏刻（水時計）によって時刻を知らせていた．陰陽に加えて天文，暦を担当する人々も広い意味で陰陽師と呼ばれていたが，彼らはいわば技術系の国家公務員だった．

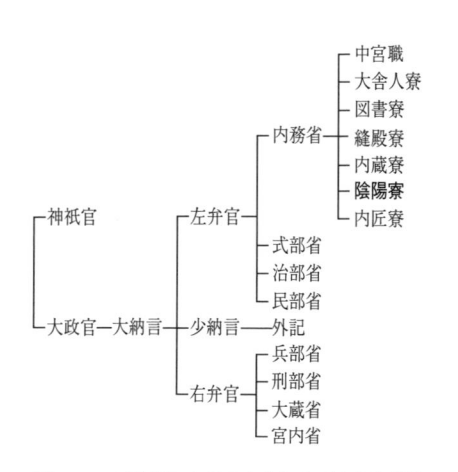

```
                              ┌中宮職
                              ├大舎人寮
                              ├図書寮
                   ┌内務省────┼縫殿寮
                   │          ├内蔵寮
         ┌左弁官──┤          ├陰陽寮
         │        │          └内匠寮
─神祇官   │        ├式部省
         │        ├治部省
         │        └民部省
─太政官─大納言─少納言─外記
         │        ┌兵部省
         │        ├刑部省
         └右弁官──┤
                   ├大蔵省
                   └宮内省
```

図3・1　律令制における中央官庁（内務省以外に属する寮名は省略）．

2) 陰陽道の占い

　平安時代中期に藤原氏の専制によって社会が停滞してくると，陰陽師は呪術や祭祀といった要素を加えながら逆に勢力を伸ばし，次第に天皇や公家に対して私的な奉仕もするようもなる．また，これとは別に民間の陰陽師もおり，中には僧侶の姿をした法師陰陽師と呼ばれる人々もいた．『枕草子』の「心ゆくもの」（満ち足りた気持ちになるもの）には「物よく言ふ陰陽師して，河原に出でて，呪詛の祓(はらへ)したる」とある一方，「見苦しきもの」には「法師陰陽師のかうぶりして祓したる」（かうぶりは，額につける三角形の白紙）とあるように，一口に陰陽師といってもその立場によってイメージが違っていたらしい．

　当時の星占いは現在のホロスコープ占星術と異なり，彗星の出現や惑星の接近現象などを観測して，それが何の前兆か（王が死ぬ，戦争が起きる，など）を占うものだった．天文博士たちは毎晩，天の異変がないか観測した．歴史書にもその記録が多く残されているが，それは現在のような科学的な興味からではなかった．しかしこの時代，プロの観測家による継続的な天文観測は，中国や日本などの東アジア以外では行なわれておらず，彼らの残した彗星や超新星などの天文記録はいまの天文学にとっても貴重な資料となっている．

3.2 花山天皇の退位事件

　現在，陰陽道や安倍晴明がもてはやされているのは，科学に対するカウンター・カルチャーとしてであるが，この時代の陰陽道は，国家によって支持されたカルチャーそのものだった．当時の人々が陰陽道に対して抱いていたイメージは，現代人が科学に対して抱くイメージとそれほど変わらなかったはずである．

　この章では陰陽道の第一人者である安倍晴明の時代に起きた天文現象を中心にして，晴明の虚像と実像を探り，歴史の中で陰陽道が果たした役割をたどっていきたい（この節は，主に鈴木[1]，山下[2]によった）．

3.2　花山天皇の退位事件

1）事件の経緯

　晴明が活躍した平安時代中期に政治権力を独占していたのは藤原氏だった．その支配のパターンは，自分の娘を天皇や皇太子に嫁がせ，そこに生まれた子が天皇になったときに，天皇が幼いときには摂政，長じてからは関白として政治の実権を握る，というものである．しかし，同時に藤原氏内部で肉親どうしの権力闘争が激しさを増していった．

　第65代花山天皇は第64代冷泉天皇の第一皇子で，永観2年（984）に17歳（以下，年齢はすべて数え年）で即位した．花山天皇は寵愛していた女御が即位の翌年，懐妊から7ヶ月のちに17歳の若さで亡くなってからは，悲嘆にくれて出家さえ考えるようになった．そこに目をつけたのが藤原兼家とその子の道兼らで，彼らは花山天皇を退位させ，兼家の娘と円融天皇の間に生まれた皇太子を天皇にしようとしていた（後の一条天皇；図3・2）．ついに，寛和2年6月22日（ユリウス暦では986年7月

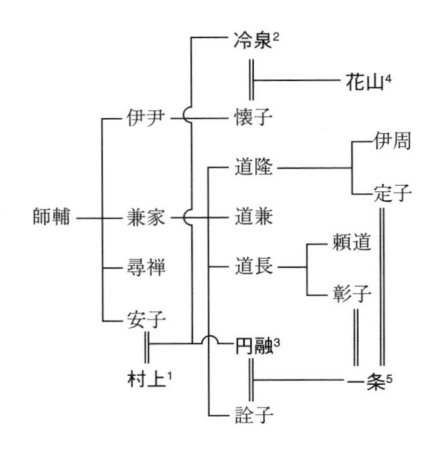

図3・2　天皇家と藤原氏の関係系図．ゴシック文字が天皇で，数字は即位の順番を示す．

31日に当たる）の深夜，父親の意を受けた道兼は，自分も一緒に出家するからといって花山天皇を御所から誘い出した．そして，花山のふもとの花山寺（元慶寺の別名）に向かい（図3・3），そこで天皇が髪をおろすのを見とどけた道兼は口実をもうけて引き返してしまう．こうして陰謀は成功して，新たに一条天皇が即位したのである．

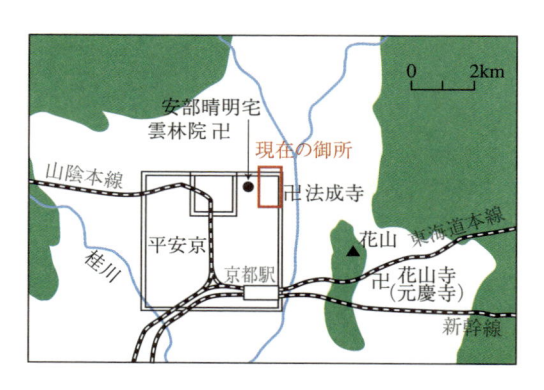

図3・3　京都の関係地図．グレーの文字は現在のもの．

2）晴明の暗躍

歴史物語『大鏡』には，この出来事を安倍晴明が天文観測によって知った，という話がある．この夜，花山天皇は有明の月（月令16以降の月のこと．旧暦では日付が月令とほぼ等しい）が明るいので目立つのではないかと躊躇していたが，道兼はすでに宝玉と宝剣（三種の神器のうちの2つ）を皇太子に渡してしまった，と言ってせかした．やがて月に雲がかかってきたので，天皇は「自分の出家もこれで成就するのか」と思って歩き出した．

　こうして道兼公と天皇が土御門通を東へ向かっていたとき，安倍晴明の家の前を通り過ぎましたが，晴明自身の声がして手を激しくばちばちと打ち，「天皇がご退位されたようだ．ご退位を示す天変が現れたが，もはや事は定まってしまったらしい．すぐに参内し奏上しよう．早く車の支度をせよ．」と言う声がしました．それをお聞きになった天皇は，たとえ覚悟の上とはいえ胸を打たれたことでありましょう．晴明が，「とりあえず，すぐに式神一人，宮中へ参上せよ．」と命じたところ，人の目には見えぬ

3.2 花山天皇の退位事件

何者かが，戸を押し開けて天皇の後ろ姿を見たのでしょう，「ただいまここをお通りになったようです．」と答えた，ということです．晴明の家は土御門町口(まちぐち)でありますから，ちょうど道筋に当たっていたのです（橘健二訳[3]を改編）．

　安倍晴明の家は土御門通と町尻通の交差点の北西にあり（現在の晴明神社のやや東南に当たる），現在の御所よりは西だが，当時の御所よりは東に位置していた．土御門通は大内裏の上東門，上西門に続く通りのことで，この門は土御門とも呼ばれていた．というのは，『枕草子』で清少納言が「この土御門しも，上もなく作りそめけむ」と雨の折に嘆いているように，屋根はなく築地塀を切通しにした程度の土門だったことによる．また，式神は，陰陽師が自由にあやつることのできる鬼神で，晴明は一条戻り橋のたもとに封じて，用事のあるときに召し使っていたという．

　この夜，安倍晴明が見たという天変の正体についてはいくつかの考察がある．斎藤[4]は天文計算の結果，この夜，歳星（木星）と氐宿の距星（てんびん座アルファ星）が$0.5°$まで接近していたことに気づいた．古来，2天体が7寸（約$0.7°$）以内に接近することを「犯」と呼んで凶事の予兆としていたことから，数日前から木星がてんびん座アルファ星に近づきつつあるのを見て天皇の退位を予想していたのだ，とした．一方，栗田[5]は，天皇が出発したときには，木星はすでに西に沈んでいることと，この夜に昴の星々が月に隠される別の天変があったことから，木星とてんびん座アルファ星の接近で得た天皇退位の予想が，昴の食で確信に変わった，と考えた．

　作花[6]は，晴明は慎重な天文博士だったという栗田と同様の解釈の他に，晴明はこのクーデターの加担者だったかもしれないと推理している．つまり，ベテラン観測家の晴明はすでに数日前から木星の犯が起こることも昴の食が起こることも予知していた．彼はこの2つの天変が22日の夜起こることを天皇に奏上すべきなのに，藤原兼家・道兼父子に密告した．彼らは大喜びで，帝に退位を強く勧めた．帝も星のお告げならやむなしとしぶしぶ出家を決意した．晴明は予報が両方とも当たったのを確認して，帝がすでに退位してしまってから役職上の義務として内裏へ報告に行こうとした，というものである．ただ，花山天皇退位の事件そのものはいろいろな歴史書に記されているものの，晴明が登

場するのは『大鏡』のみで，真相は歴史の闇に包まれている．

　天変の正体と晴明の関与はともかく，天皇を退位した後は出家した花山寺にちなんで花山院と呼ばれ，奇矯な振る舞いもあったが風流三昧の生活を送った．『新古今和歌集』にも花山院の歌が何首か入集しているが，そのうちの一首を挙げよう．

　　　あかつきの月見んとしも思はねど見し人ゆへにながめられつゝ
（暁の月を特に見ようと思うのではないが，昔逢ったあの人の思い出に，じっと見つめずにはいられないでいる[7]）．

　花山院は寛弘5年（1008），41歳でその生涯を閉じた．

　ちなみに，平安から江戸時代にかけての天皇は譲位後の御在所の号が追号として用いられることが多く，かつては花山院天皇，大正時代以降は花山天皇というふうに呼ばれている．元慶寺は中世には衰微したが，江戸時代に再興されていまに至っている（図3・4，3・5．現在は「げんけいじ」と読んでいる）．また，花山の山頂には京都大学の花山天文台があって主に太陽の研究が行なわれているのは，どういう縁によるものだろうか．

図3・4　現在の元慶寺．右奥が本堂．　　　図3・5　元慶寺の垣根越しに花山を望む．

3.3　『大鏡』の世界

1）『大鏡』の紹介

　『大鏡』は，大宅世継（おおやけのよつぎ）と夏山繁樹（なつやまのしげき）が，洛北の雲林院（うりんいん）の菩提講（ほだいこう）で久しぶりに出会い，若い侍を交えて昔話をする，という設定の歴史物語である．このとき，

3.3 『大鏡』の世界

世継はなんと190歳，繁樹は180歳にもなろうかという老人で，2人のうち主に世継が，自分の生きた平安前期から藤原道長の全盛期までの歴史を，鏡に映し出すように明らかに語っている．

『大鏡』の成立年代は花山天皇の事件があった1世紀くらい後の院政期頃という程度しかわかっておらず，作者についても諸説ある．世継が途中で間違ったことを話したときに，繁樹は，

> 天の川をかき流すようにはべれど，折々かかる僻事(ひがごと)のまじりたる
> （天の川の水をさらさらと押し流すように雄弁でいらっしゃるが，時々こういう間違いが混じっていますな[8]）．

と評している．いまなら「立て板に水」と言うところだが，当時はこういう表現があったらしい．

雲林院(うんりんいん)は僧正遍照(そうじょうへんじょう)の働きかけによって官寺となり，前出の元慶寺の別院として栄えたが，応仁の乱などで衰え，その旧地には大徳寺が建てられた．現在は，大徳寺の塔頭(たっちゅう)として同名の小さなお堂があり（図3・6），また，その周辺の地名（北区紫野雲林院町）としても残っている．

図3・6 現在の雲林院．

2）藤原伊周(これちか)と隕石(いんせき)

話を花山天皇が退位した後，一条天皇の時代に戻す．一条天皇即位とともに摂政となった兼家が没すると，次にその子の道隆が摂政になった．すぐ下の弟の道兼は，花山天皇を退位させたのは自分なのにと不満だったが，長徳元年（995）に道隆が亡くなり，やっと摂政になる．しかし，彼も10日余りで疫病のため亡くなってしまい，「七日関白」と呼ばれた．その下の弟の道長は本来なら権力争いの三番手だったが，こうしてチャンスがめぐってきた．そのライバルは道隆の息子の伊周(これちか)のみであった．

この伊周について『大鏡』は次のような話を伝えている．兼家の兄弟で天台座主(てんだいざす)だった尋禅(じんぜん)のお付きの僧で，人相をよく見るものがいた．藤原氏の有力者について占っていく中で，道長については最高の相で限りなく繁栄する人相なのに対して，伊周は雷(いかずち)の相である，と言った．雷の相とはどういうことかと尋

CHAPTER3 　陰陽道が怖れた星々

ねられると，ひとしきりは大変高く鳴る，つまり一時は権勢が強いが，最後まで成し遂げることがない相だと説明した．実際，伊周はすぐに大臣になったが，女性に関する誤解が原因で，弟と共謀して花山上皇に矢を射かけるという事件を起こし，左遷されてしまう．これについて，語り手の翁である世継は，

　　雷は落ちぬれど，またもあがるものを，星の落ちて石となるにぞたとふべきや．それこそ返りあがることなけれ．
　　（雷は落ちてしまっても再び天空に返りますから，伊周公の場合は，雷ではなくて星が地に落ちて隕石となるのにたとえるべきでしょうね．隕石こそは落ちたら二度と再び天へ返り上がることはないのですよ[9]）．

と辛らつなことを言っているが，こんなところに隕石が出てくるのはおもしろい．科学的に見ても，雷は一瞬のうちに雷雲から地上へ，そして地上から雷雲へと何回か往復しているので，間違ったことは言っていない．

こうして権力を握った道長は娘の彰子を一条天皇のもとに入内させ，そのサロンに紫式部が女房として仕えることになる．一方，清少納言が仕えていた道隆の娘定子の勢力は衰えて，定子は若くして世を去ってしまう．ただし，こうした人相による予言が本当にあったのかはわかっていない．

　　ゲーテの『ファウスト』には，ワルプルギスの晩（5月1日の前の晩に，魔女たちがブロッケン山に集まってどんちゃん騒ぎをする）に様々な人や物がセリフを言う場面がある．その中で，鬼火ども（政変で成り上がった連中）とふとった人たち（破壊的な革命的人物）の間で，隕星（一時調子よくいったがたちまち失脚した人々）が，次のようにしゃべる．

　　星の光，炎の光を放ちながら
　　わたしは天から降ってきた．
　　わたしは今は草の中に転がっている
　　誰か抱き起こしてくれないかしら[10]．

　　隕石が実際に落ちた場合には，メッカのカーバ神殿をはじめとして崇拝されることも多いが，世の東西を問わずこのような皮肉な見方もあったようだ．

3.4 安倍晴明伝説

1）伝説上の活躍

　安倍晴明はもちろん実在の人物だが，彼には超人的な活躍を示す数々の伝説が伝えられている．まず花山天皇の前世を見通したという『古事談』の話を紹介しよう．

　　花山院が天皇の位にいたときに頭痛に悩まされ，特に雨の日は耐えようもないほど苦しまれた．どんな医者に見せても治らないので晴明を呼んだところ，晴明は「花山天皇は前世では尊い行者で，大峰山脈で修行中に亡くなられた．その修行の徳によって，この世では天皇に生まれたけれども，前世のお体のドクロが岩の間にはさまっていて，雨のときには岩が水で膨らんで，このように痛むのです．」と申し上げた．そこで，晴明が教えた所に行くと確かにドクロがはさまっていて，それを取り出したところ頭痛がおさまったという．

図3・7　儀式を行なっている安倍晴明（右の人物）．晴明のもとには式神が控えている．『不動利益縁起絵巻』（東京国立博物館蔵）より．

　大峰山脈は現在の奈良と和歌山にまたがる山脈で，修験道の聖地である．この伝説は，修験道の山伏たちによって作られたとされる．

　また，法成寺を建立していた藤原道長が，そこに白い犬とともに毎日通っていたときの話が『宇治拾遺物語』にある．

　　ある日のこと，道長が寺に入ろうとすると，この犬が先回りしてさえぎり衣服の裾に噛みつくので，不審に思って晴明を呼んだ．駆けつけた晴明は，道長を呪詛するものが道に埋めてあって，犬には神通力があるので主人に危険を知らせたのだ，と語った．道を掘ってみると，土器を2つ合わせたものが出てきた．晴明が，懐紙を鳥の形に結んで呪文とともに空に投げ上げると，白鷺となって南に飛び，道摩（蘆屋道満のこと）の家に落ち

た．道摩は，左大臣の藤原顕光（あきみつ）の命令で術をしかけたことを白状し，故郷の播磨へ追い返された．

　蘆屋道満は晴明のライバルとして他の伝説にも登場する．また，藤原顕光は道長との権力闘争に敗れ，死後は怨霊となったという．しかし，晴明が亡くなったのは寛弘2年（1005）で，法成寺の建立が始まったのは寛仁3年（1019）だから，この伝説が生まれたのは晴明の死後のことである．こうした伝説は晴明の死後，安倍家に連なる宮廷陰陽師たちが自分たちの術を権威づけるために付け加えていったらしい．

2）葛の葉伝説

　一方，民間の陰陽師によって，比較的新しく中世末期頃に作り出されたのが，晴明は人間の父と狐の母の子だという伝説である．

　　安倍保名（やすな）の妻は葛（くず）の葉（は）といったが体が弱く，たびたび里にかえって養生していた．保名は信太（しのだ）明神に妻の全快と子供が授かることを祈願していたが，そこに傷ついた狐が走ってきたので，助けてやった．その後，家に帰ると，妻が元気になって戻っていたので喜んだ．妻はやがて妊娠し男の子が生まれた．しかしある夜，家中が光り輝き，驚いていると妻は白狐神の正体を現した．そして，障子に，

　　　恋しくば尋ね来てみよ和泉なる信太の森のうらみ葛の葉

　　という歌を書きつけて去っていった．その後，本物の妻の病気が治って家に戻り，子供を大切に育てたが，この子が成長して晴明となった．

　大阪府和泉市には現在も信太森葛葉稲荷神社があり，すぐ近くの聖神社（ひじり）（別名，信太明神）には上述の葛の葉伝説が伝わっている．

　中世に聖神社に隷属していた人々は賤民階級として差別され，その中には声聞師（しょもじ）と呼ばれる人々も含まれていた．声聞師とは大きな寺社に属してその雑役に奉仕するとともに，民家の門にたって経文を唱え，金属製の楽器を打ちながら施しを受けていた人々のことで，猿楽などの芸能にも従事していた．彼らは，やがて暦の制作販売や陰陽道の占いなども兼ねるようになり，民間陰陽師の職種と重なり合っていった．差別を受けながら生きていた彼らの精神的支えとなったのが，祖と仰ぐ晴明と信太明神だったのである．そして，信太明神の使いの稲荷神（狐）の信仰から，晴明が狐の子だという伝承が生まれたのだと

3.5 安倍晴明の実像

図3・8 信太森葛葉稲荷神社．

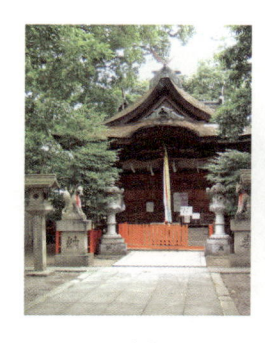

図3・9 聖神社．拝殿の奥に見える本殿は慶長9年（1604）に再建されたもので，国の重要文化財に指定されている．

いう（この項は主に諏訪[11]によった）．

3.5 安倍晴明の実像

1）晴明の生涯

　それでは，晴明の実像はどのようなものだったのだろうか？ 安倍氏の系図（『尊卑分脈』）では飛鳥時代に活躍した右大臣御主人を始祖とし，晴明はそこから9代目にあたる益材の子とされるが，疑問も残されている．ちなみに，『竹取物語』でかぐや姫に求婚する5人の貴族の中に，阿部御主人という名前があるが，この実在の人物からとられたらしい．亡くなったときに85歳だったという記録から逆算すれば，延喜21年（921）に生まれたことになる．生誕地や前半生についてはわかっていないが，『今昔物語』によると幼い頃から賀茂忠行に陰陽道を学んだという．

　信頼のできる資料上に晴明が登場するのは天徳4年（960）のことだから，もう40歳になっていたはずである．当時の陰陽寮は賀茂氏が主流だったから，そこに他の氏族の晴明が食い込んでいくのは大変だったと思われるが，頭角を現すだけの才能があったのだろう．これ以降の晴明は天文博士や大膳大夫，左京権大夫などを歴任し，花山・一条天皇や藤原道長とも深く結びついて，歴史書や藤原道長の日記にもたびたび登場する．左京権大夫という陰陽寮以外の官職にあったときも，道長の日記『御堂関白記』には「陰陽師晴明」とある．この

39

ことは，陰陽師が官職名よりも広く陰陽道の技術をもった人を表す一般名称として使われていることを示している．

2）晴明の職務

とはいえ，その活躍は伝説や小説と違って，病気やいろいろな怪異の原因についての占い，建築や外出などの日時の決定や方違え（方角に関する禁忌）のアドバイス，そして，泰山府君祭・玄宮北極祭などの種々の儀礼や祭祀を執り行なう，というような仕事が主だった．泰山府君は中国の泰山を神格化した神で，人間の生死を司るとされ，玄宮北極祭は北極星を祀る祭りである．こうした呪術・祭祀は陰陽師の本来の仕事ではなかったが，平安時代中期からはこうした仕事も含まれていった．

花山天皇が退位した年の2月には，「太政官の役所の東の庇のうちに蛇がいる」とか，「家鳩が，太政官の役所にある右大臣兼家の椅子や机のまえに集まっている」というような些細な出来事についても晴明が占っているが，これは花山天皇と兼家の緊張関係を示しているらしい．当時の占いの主流は，円い天盤と四角い地盤とを組み合わせた式盤を使い，怪異が起きた日時によって天盤を回転させて占う六壬式占と呼ばれるものだった．

天元元年（978）に雷によって晴明宅が破損した，という記録もある．有名な陰陽師の家が天災にあったことを当時の人々はどう思ったのだろう．また，時には晴明もミスをすることがあった．藤原実資の日記『小右記』によると，一条天皇の時代の永延2年（988），熒惑（火星）が軒轅女主（しし座のレグルス）に接近（前述3.2.2項）の「犯」）したことがあった．天皇・皇后ともに重い物忌みに入り，天台座主の尋禅が熾盛光法（特に天変をはらうための密教の修法）を，安倍晴明が熒惑星祭を執り行なうことになった．しかし晴明は決められた日に行なわなかったために，始末書（過状）を提出するように命じられたという．歴史の中の晴明は仏教界の重鎮と並び称される陰陽道の大家であったものの，超人的な能力を発揮しているわけではなく，あくまでも技術系の国家公務員としての活躍だったのである（この節は主に，鈴木[1]，山下[2]，諏訪[11]によった）．

3.6 ハレー彗星出現

1）怖れられたハレー彗星

　永延3年（989）の6月に突然，彗星が現れた．現在ハレー彗星と呼ばれているこの彗星の記録は日本や中国に残っており，『日本紀略』には「6月1日庚戌，其日彗星東西天に見はる」（6月1日はユリウス暦で7月6日にあたる），「7月中旬，連夜彗星東西天に見はる」とあり，別の記録では尾の「長さ5尺（約5°）ばかり」とある[12]．作花[13]の計算によるとこのときのハレー彗星は，ユリウス暦で7月初旬の日の出前，東天のおうし座に現れ，次第に東へ移ってふたご座に入り，8月下旬にはしし座とおおぐま座の間を通り抜けた．9月初めには太陽と同方向のため見えない日が数日あった後，日没後の西の空，おとめ座からてんびん座にかけて眺められたはず，とのことである．

　天変が起きると大赦や寺社でのお祈りが行なわれたが，その中でも彗星の出現は特に恐れられた．このときも6月7日に「伊勢以下十一社奉幣」とあるが，それだけではすまず，『扶桑略記』に「永延3年己丑8月8日，改めて永祚元年と為す，彗星天変に依るなり」とあるように，なんと改元が行なわれたのである（『日本紀略』には「彗星天変地震の災異を攘う」とあるように，改元理由は史料によって異なる場合がある）．当時は1年の途中で改元された場合でも，さかのぼってその年の初めから年号が変わるので，正式には永祚元年6月にハレー彗星が出現したことになる．

　飛鳥時代から平安時代初期にかけては，めでたい雲が見えた（慶雲：704〜708年），白い亀が現れた（宝亀：770〜781年）というような瑞兆によって改元する，という例もあったが，平安時代中期からは天変や地災（地震や洪水など）を理由にして改元する場合が多くなる．当時は2，3年で改元を繰り返しており，永祚2年には再び改元され正暦元年となった．このように改元自体は珍しくないものの，「彗星出現により」と明記されている点が注目される．

2）晴明はハレー彗星を見たか？

　安倍晴明は，ハレー彗星による永祚改元のときには69歳だった．『日本紀略』には，この年の2月11日に皇太后詮子の気分がすぐれないので，円融法皇が天台座主尋禅に尊勝法を，安倍晴明に泰山府君祭を行わせた，とあるように，晴明はこの年も陰陽道の第一人者として活躍していた．ただ，晴明とハレー彗

星を直接結びつける史料は残されていない．しかし，彗星の出現というような重大な天変について，晴明が無関係でいたとは考えにくい．もちろん改元そのものを決めたのは道長をはじめとする有力者だったが，晴明は果たしてハレー彗星を見たか，見たとすれば何か占いをしたか，そしてその占いが改元になんらかの影響を与えたのか，と想像するだけでも楽しい．

　彗星出現によって改元した例は，他にも承徳（1097〜1099年），嘉承（1106〜1108年），天永（1110〜1113年），久安（1145〜1151年）などがある（主に神田[12]によった）．久安の彗星もハレー彗星で，永祚改元のときから2回後の回帰である．また，鎌倉時代の土御門天皇が承元4年（1210）に譲位したきっかけは彗星出現だった，という記録も残されている．この時代には彗星の出現が何度も朝廷を揺るがし，それが改元や天皇譲位という形となって歴史に残されているのだ．

　晴明の死後，安倍家は天文道を継承し，居住地にちなんで土御門家と称した．一方，賀茂家は暦道を継承したが（陰陽道は両家とも継承した），次第に衰えていった．土御門家は応仁の乱を避けるために，自らの荘園である名田庄（福井県）に移り，この地には現在も土御門家の屋敷や墓所が残る．江戸時代に京都に戻った土御門家は，朝廷や幕府に対していろいろな儀式を行ない，民間陰陽師を含めた全国の陰陽師を支配していた．また，暦の作成と頒布の元締めでもあり，土御門家が天体観測に使った渾天儀の台石が京都市の円光寺に現存している（14.2節参照）．しかし，暦作りの主導権は江戸にあり，実際には暦に迷信的な暦注を付けるだけだった．そして，明治維新とともに土御門家の活動も終焉を迎えたのである．

CHAPTER 4

客星あらわる

4.1 天界を乱すもの

　和暦天喜2年5月（宋暦至和元年5月丑の日，ユリウス暦1054年7月4日），世界の東の果て，日出る国の都では，それまでと同じような1日が繰り返されていた．その日常を覆すかのごとく，丑三つ時の東の空に，眩いばかりに輝く星が出現したのだ．現れた瞬間を目撃したのは天空の異変など気にも止めない社会の外の人間だったろうが，数時間後には京の人々すべてが空を仰ぎ見ることになったに違いない．

　出現した新しい星の最大光輝は－5等で，明けの明星（金星）よりもやや明るく，その光輝は昼間でも見ることができた．新しい星の輝きは次第に薄れ，1ヶ月ほどで金星よりも暗くなり，さらに2年後の春には肉眼で見えなくなって，その姿を消した．

　この天空の異変を，人々は驚異と脅威を抱いて眺めていたことだろう．ある者はこの異変を瑞祥ととらえて記録を書き，ある者は凶兆と畏れてやはり記録に残し，そしてある者は記録にさえ残さずに忘れ去ろうとした．

4.2 当時の世界

　西暦1054年当時の世界の状況を少しばかりまとめておこう（図4・1および参考文献[1]）．

　まずヨーロッパでは8世紀にカール大帝の建国したフランク王国が分裂し，神聖ローマ帝国やフランス王国その他，現代に名を残す多くの王国が乱立していた頃である．皇帝・国王を頂点として諸侯や騎士階層からなる王権ヒエラルキーと，教皇を頂点として司教や司祭からなる教会ヒエラルキーという2つの上部ピラミッド構造（封建制）の下に，領主と農民からなる下部構造（荘園制）

CHAPTER4 客星あらわる

を置いたのが，当時のヨーロッパ封建社会である．

　皇帝や国王の力が強まり，1054年には東西教会の相互破門によってローマ＝カトリックとギリシャ正教が分離するなど，ローマ＝カトリック教会の権威はやや低下していた．しかし教会の力はやはり強大で，例えば，1076年には教皇グレゴリウス7世が神聖ローマ皇帝ハインリヒ4世を破門し，翌1076年に皇帝が教皇に謝罪するという，いわゆる「カノッサの屈辱」が起きている．さらに1095年には教皇ウルバヌス2世がクレモルン公会議で聖地奪回を提唱し，翌1096年から1291年にかけて，エルサレムに向けてたびたび「十字軍」の遠征が行なわれた．

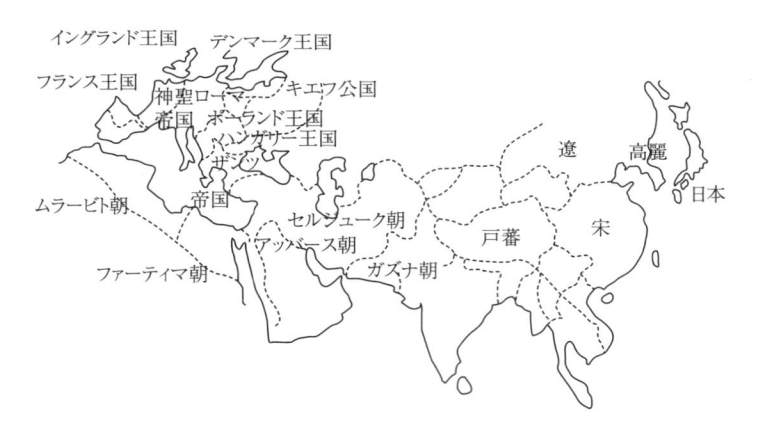

図4・1　11世紀後半の世界．

　ヨーロッパに接したイスラム諸世界では，11世紀という時代は，東はインドの一部からアラビア半島とアフリカ北部を経て西はイベリア半島まで，8世紀から10世紀にかけて広大な地域を支配していたアッバース朝が解体し，セルジューク朝やファーティマ朝，ムラービト朝など，やはり多数の王朝が乱立していた頃である．

　インド数学の流れを受けて発達したアラビア数学や，占星術を起源とする天文学，哲学，文学などイスラム文化は，ヨーロッパ文化に多大な影響を与えたが，イラン系の天文学者・詩人オマル＝ハイヤーム（1048 - 1131年）が存命

していたのがちょうどこの頃である．

アメリカ大陸においては，北アメリカでインディアンの部族社会が成立した一方で，ユカタン半島のマヤ文明は末期であり，メキシコのアステカ文明やアンデスのインカ文明は勃興する以前である．

翻って東洋の中国では，6世紀から続いていた隋唐の統一時代が，唐の滅亡によって907年に終わり，五代十国の乱立時代を経て，10世紀末，宋（北宋）によって再統一された頃である．宋の政治形態は，古代より連綿と続く皇帝（天子）独裁制であり，科挙の整備や富国強兵策が採られていた．儒学的文化としては，宋学（朱子学）が成立し，四書，すなわち『大学』『中庸』『論語』『孟子』が重視された．宗教的には，儒学（儒教）に加え，仏教と道教も普及しており，3宗教が共存していたと言えよう．畢昇(ひっしょう)が活字印刷術を発明して，木版印刷術が普及したのも宋代である．

そして東の最果て，日本では，1054年という年は，794年から1192年に至る平安時代の後期にあたる．いわゆる摂関政治が全盛の時代で，1016年には藤原道長が太政大臣になって栄華を極めた．その後，11世紀後半には「前九年の役」や「後三年の役」によって貴族政治が次第に衰退し，1086年には白河上皇による院政が始まるも時すでに遅く，12世紀に入ると武士が台頭を始めるのである．

4.3　残された記録

西暦1054年の客星の出現は，いくつかの文明で記録に残されている[2〜6]．

1) 日本の記録

まず身近な日本では，藤原定家『明月記』の中，寛喜2年（1230）に出現した客星の記述に関連して，以下のような一文が記されている（図4・2）．

> 後冷泉院・天喜二年四月中旬以後の丑(うし)の時，客星觜(し)・参(しん)の度に出づ．東方に見(あらわ)る．天関星に孛(はい)す．大きさ歳星の如し．

天喜2年は西暦では1054年にあたる．『明月記』には4月とあるが，これは5月の間違いというのが通説である．中旬は11日から20日ぐらいの間である．したがって，（旧暦の）5月中旬以後は，5月20日〜29日あたりになり，現在の暦では，6月19日〜28日ぐらいに相当する．ただしこの日付については，6

CHAPTER4 客星あらわる

客星出現例、皇極天皇元年秋七月、甲寅、客星八月、陽成院貞観十九年正月廿五日、丁酉、客星在昴、見西方、宇多天皇寛平三年三月廿九日、戊辰、客星在壁、星在東成星東方、相去一寸所、醍醐天皇延長八年五月以後七月以前、客星八羽林中、一條院寛弘三年四月二日、癸酉、夜以降騎官中有大彗星、如智煎、光明動耀、連夜正見南方、或云、騎陣将軍星稜本體増煌光歓動後冷泉院天喜二年四月中旬以後丑時、客星出觜参度、見東、李天関星、大如歳星、二條院永萬二年四月廿二日、乙丑、亥時、客星...

図4・2 藤原定家『明月記』の該当部分のイメージ（コラム参照）．（藤原定家から見て）過去の客星の出現が、日付・時刻・場所の順にずらずらと書き並べられている部分である．読むとなんとなくわかってくるからおもしろい．最後のあたりに件の文章がある．なお6行目の螢惑は火星，歳星は木星，ちなみに金星は太白．なお、コピー資料を見ながら入力したので，漢字の読み間違いが多少あるかもしれない．

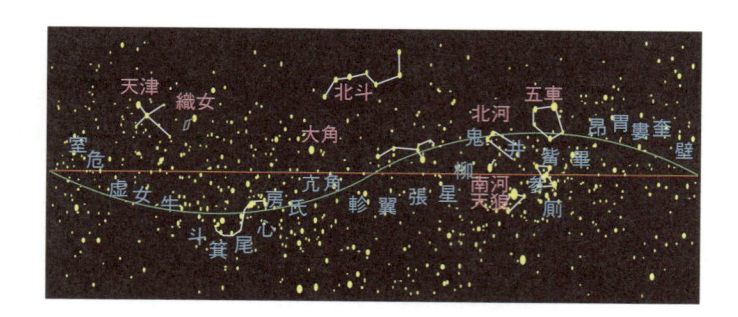

図4・3 中国の星座二十八宿．横軸が赤経で縦軸が赤緯の星図上に，二十八宿のおおよその位置を記してある．中央の水平線が天の赤道で曲線が黄道を示す．二十八宿は，図の中央（春分点）付近から左に向かって，
　　東の青龍：角(かく)，亢(こう)，氐(てい)，房(ぼう)，心(しん)，尾(び)，箕(き)．
　　北の玄武：斗(と)，牛(ぎゅう)，女(じょ)，虚(きょ)，危(き)，室(しつ)，壁(へき)．
　　西の白虎：奎(けい)，婁(ろう)，胃(い)，昴(ぼう)，畢(ひつ)，觜(し)，参(しん)．
　　南の朱雀：井(せい)，鬼(き)，柳(りゅう)，星(せい)，張(ちょう)，翼(よく)，軫(しん)．
のように並んでいる．なお、二十八宿の読み方として日本語的なふり仮名をつけておいたが，本来はすべて単音節の漢字なので，かなり発音が異なっている可能性は注意しておく．

4.3 残された記録

月という説もあるようで，まだいろいろと疑義があるらしい．次の丑の時（丑の刻）は，夜中の2時を中心として1時から3時頃である．よく知られているように，オバケが出てくる時間帯が，丑三つ時だ．客星というのは一時的に出現した天体（星）を指し，超新星・新星・彗星などが含まれる．觜と参は，中国伝来の二十八宿（図4・3）と呼ばれた星座の名前である．どちらもオリオン座にあり，前者はオリオンの頭付近の3つの星を，後者はオリオンの三ツ星付近を指す（図4・4）．天関星は中国伝来の星名だが，おうし座ζ（ゼータ）星のことで，歳星というのは木星のことである．

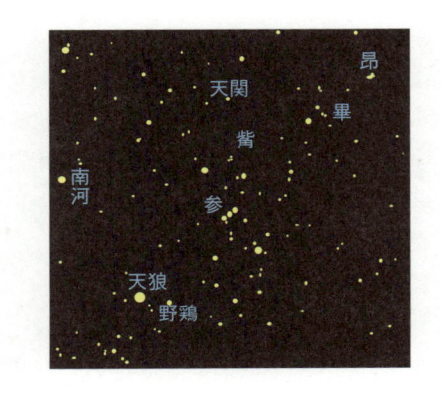

図4・4 オリオン座近傍の宿（星座）や星の名前の一部．觜，参，畢は二十八宿の一部で，天関星はおうし座ζ（ゼータ）星，昴はおうし座のプレアデス星団，天狼はおおいぬ座のシリウスである．

以上より，おおまかな現代訳は，

> 平安時代後期の天喜2年，当時の暦で5月20日から29日ぐらい（1054年6月19日～28日）の夜中2時前後に，超新星か彗星が，オリオン座の領域東方に現れた．出現場所はおうし座ζ星付近で，その大きさは木星ぐらいだった．

のようになるだろう．

藤原定家（1162 - 1241年）は，鎌倉時代初期の歌人で，『新古今集』や『新勅撰集』などの選者であると同時に，漢文の日記『明月記』を著した．生没年から明らかなように，定家自身が1054年の客星を見たわけではない．おそらく自分自身が見た1230年の客星に触発されて，過去の記録や伝聞を掘り起こしたのだろう．

著者も執筆年も不明だが，『一代要記』と呼ばれる書物にも，『明月記』と同じ記録が記されている．

この『明月記』の記載については，1934年にアマチュア天文家の的場保昭

が，アメリカの雑誌『ポピュラーアストロノミー（42巻）』に報告したことによって，初めて欧米に紹介された．その結果，ヤン・ヘンドリック・オールトらが関心をもち，宋史など中国の古記録を掘り起こして，1941年，太平洋天文学会の学術誌『PASP（54巻）』で調査内容を報告した．こうして，1054年の客星の古記録が東洋の古文書に残っていることが，西洋に知られるようになったのである．

2）中国の記録

では次に中国の古記録だが，中国のいくつかの史書に1054年の客星の記録が残されている．例えば北宋時代の1081年にできた『宋会要』，南宋時代の1168年にできた百科全書『続資治通鑑』，そして1345年頃に編集された宋朝の正史『宋史』などが有名だ．

さて，『続資治通鑑』と『宋史』の記述はほぼ同じであり，おそらく（朝廷に残された）同一の記録を見たのだと思われるが，以下のようになっている．

客星の出現

　　至和元年五月己丑の日（1054年7月4日），客星，天関の東南数寸ばかりの位置に現わる．

客星の消滅

　　嘉祐元年三月辛未の日（1056年4月6日），司天監曰く，至和元年五月より客星早朝東に出で天関を守るも，今に至りて消ゆ．

さらに1054年の客星について記載のある最も古い史書『宋会要』では，出現と消滅について，以下のような記述がある．

客星の出現

　　（客星の出現から2ヶ月ほど経った）1054年8月27日（至和元年7月22日），星学者楊惟徳が時の皇帝仁宋に奏上するには，「畏れながら，客星が現れました．その星はほのかに黄色がかった色で光っています．つつしんで吉兆を占ってみたところ，"客星が畢（おうし座の一部でアルデバラン付近；図4・4）を犯しておらず，明るく輝いているので，この国には賢者あり"と出ました．（これは瑞祥なので）史館（歴史記録所）に送って，記録に留めるようお願い申し上げます」．皇帝の詔があり，「史館に送れ」．

4.3 残された記録

客星の消滅

　（客星の出現から約2年後の）1056年4月（嘉祐元年3月），司天監（帝室天文台長）が言った．「客星が消えて，（天空の）お客が去っていく前兆である」と．初めは，至和元年5月の早朝に，東方に出現して，天関星（図4・4）を守っていた．昼間は金星（太白）のように明るく見え，光を四方に放っていた．色は赤と白で，おおよそ23日間は（昼間も）見えていた．

　以上のように，中国の記録では，客星は653日の間輝き，天空から姿を消したのである．

　余談だが，中国で正史とは，皇帝の命によって編纂された公式の歴史書で，ある王朝が興ってから滅亡するまでが完全に記述されるものであるから，当然その王朝時代には書けない．北宋（960～1127年）と南宋（1127～1279年）の歴史が記された『宋史』も，それらの王朝が滅亡して後，元の時代にまとめられたものである．正史は，皇帝の記録である本紀と有名人の記録である列伝を2本の柱とする「紀伝体」という記述法で編まれているが，それらに馴染まない天文，地理，職制，暦などの事柄は，「書」や「志」として記述されている[7]．要するに，中国の正史は国家的大事業であり，朝廷の歴史記録所の資料を総動員して何年もかけて編纂されるものである．人の武勇伝などは脚色やその逆もあるだろうが，天変地異などはかなり正確だと予想される．

3）その他の記録

　北アメリカでは，インディアンの部族社会が成立していた．インディアンは洞窟などの壁に岩石絵画を残している．その中には，三日月と円を組み合わせたものがいくつか発見されていて，その種の絵柄がかなり特殊であることや，推定される年代などから，1054年の客星の出現を表したものだと主張する研究者もいる．ただし，このインディアンの洞窟壁画については，あくまでも推測の域を出ない．

　ところで，中国と並び，当時の世界では文化の中心であったはずの，ヨーロッパでは，1054年の客星の記録はただの1つも発見されていない．これはきわめて興味深い歴史的現象である．四分五裂の時代で統一性が失われていたイスラム圏でも簡単な記録があったそうだから，不思議といえば不思議である．ヨーロッパに関しては，当時はキリスト教の教義によって自由な知的活動が徹底

49

的に制限されていた時代であったためかもしれない．当時の知的階層だった聖職者たちは，天界の異変を見て見ぬ振りしたのだろう，というのが通説である．

なおここでは省略するが，中国の隣の国家である遼にも，1054年客星の記録が残っていることが知られている．

こうしてみると，客星の出現など，天界の異変は，いろいろな文化に，文化のレベルというよりは文化の質（タイプ）に反映した影響を及ぼしていることがわかる．中国では瑞祥だと喜ばれ，西洋ではシカトされ，そして日本ではおそらく単純に"あら珍しや"とでも思われたのだろう．

4.4　超新星SN1054

和暦天喜2年5月（宋暦至和元年5月丑の日，ユリウス暦1054年7月4日）に出現が記録されている客星は，現在ではおうし座に出現した超新星であることが確定している．超新星（supernova）の頭文字と出現年から，専門的にはSN1054と呼ばれていて，その名残は，今日，「かに星雲」（図4・5）と「かにパルサー」（図4・6）として知られている天体だ．斉藤国治命名するところの古天文学の勝利と言えよう．

図4・5　かに星雲（国立天文台すばるホームページ http://www.nao.org/Gallery/より）．カラー画像で見ると，水素ガスの出すHα輝線で彩られた赤いフィラメント構造がよく目立つ．

4.4 超新星 SN1054

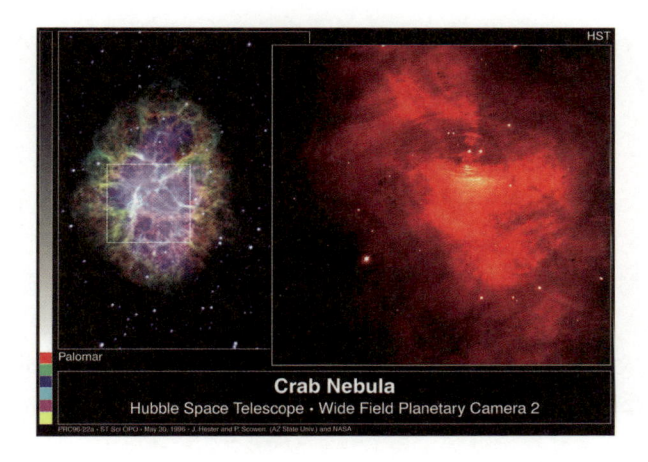

図4・6 かにパルサー（NASAハッブル宇宙望遠鏡のホームページ http://oposite.stsci.edu/pubinfo/PR/96/22.html より）．左側のかに星雲（パロマー天文台）の四角い中央領域を拡大撮影したものが右側の画像（ハッブル宇宙望遠鏡）．右側の拡大画像の中心より少し上側に2つ並んだ星の左側が，中性子星かにパルサー．また拡大画像には，パルサーからのエネルギー放射によって生じた多数のリング状構造（波状構造）が見てとれる．

表4・1 超新星 SN1054

天体名	M1／NGC1952	
固有名	超新星残骸	かに星雲
中性子星	かにパルサー	
位置	赤経05h34.5m	赤緯＋22°01′
実視等級	8.4等	
視直径	5′	
距離	7200光年	

1054年客星の今日的諸元を表4・1にまとめておく．

念のために書いておくと，かに超新星が地球で観測されたのは1054年だが，かに星雲の距離は約7200光年なので，実際に超新星爆発を起こしたのは紀元前6100年頃，地球は中石器時代で，クロマニヨン人や周口店上洞人が闊歩していた時代である．

超新星が爆発した名残のガス雲であるかに星雲M1（メシエ1）は，メシエ天体の第1番登録天体だが，微細なフィラメント構造がカニの足のような印象

を示すことから,「かに星雲」と命名された.かに星雲の中心に存在する中性子星かにパルサーは,半径10 km程度,1 cm³あたり数億トンもの密度の中性子物質でできた超高密度天体で,1/30秒もの超短時間で自転しており,自転と同じ周期で正確無比なパルスを放射している.

さて,ここで,一応,星の一生をざっと眺めておこう(図4・7,図4・8).

星は,星間のガスやダスト(塵)が濃く集まった暗黒星雲(星間分子雲)の中で,星間物質が重力的に凝集して誕生する.生まれたばかりの星(原始星)は,ダストを大量に含むガスに覆われているため,可視光で直接見ることはできないが,強い赤外線を出しているので,しばしば赤外線源として観測される.ダストを含むガス雲が晴れてくると(一部は原始星に落下し,一部はジェット流として放出される),おうし座T型星と呼ばれる核融合反応を起こす前の星(前主系列星)が見えるようになる.

おうし座T型星の中心部では重力収縮に伴って次第に温度が高くなり,中心温度が約1000万℃程度になると,ついに水素がヘリウムに転換する核融合反応が始まる.この状態の星が主系列星である.星はその一生の大部分の時間を

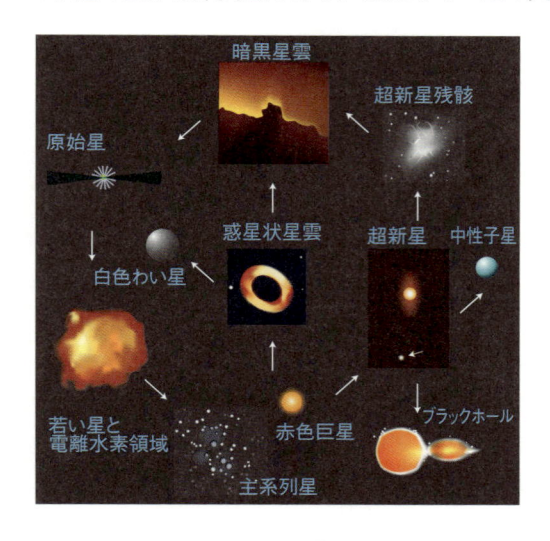

図4・7 星の一生(粟野諭美他『宇宙スペクトル博物館』より).星間物質から星が生まれ,再び星間物質に還っていくありさまを表している.

4.4 超新星 SN1054

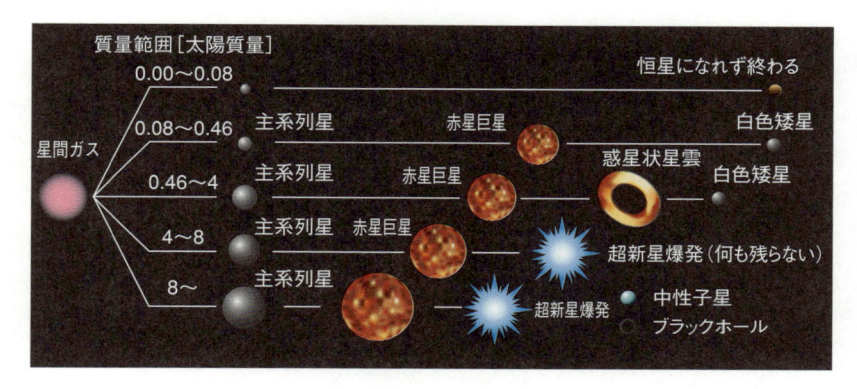

図4・8 星の終末の違い（粟野諭美他『宇宙スペクトル博物館』より）．質量によって星の死は大きく異なる．軽い星は惑星状星雲を形成して白色矮星を残すが，重い星は超新星爆発を起こして中性子星やブラックホールを残す．

主系列星として過ごす．

　星はもともとほとんどが水素でできているから，核融合燃料の水素には事欠かないが，いずれは，中心部の水素はほとんどすべてヘリウムに変換してしまう．星の水素の10％程度がヘリウムになると，ヘリウムの灰ばかりになった中心部は収縮し，一方，外層部は大きく膨張して星は赤色巨星となる．

　赤色巨星の中心では，ヘリウムの核の収縮によって温度が徐々に上がり，やがて水素の燃えかすのヘリウムの核反応が始まる．この段階を過ぎると星は終末期を迎える．例えば太陽程度の質量をもった星の場合，中心部を残して外層のガスを失い，残った中心部は徐々に冷えてやがて白色矮星になる．星の周辺に放出されたガスは，高温の中心部から放射される紫外線に照らされて電離し，惑星状星雲として観測される．

　一方，太陽よりかなり重い星の最後は劇的で，星全体が砕け散る超新星爆発を起こして最期を迎えることになる．例えば，太陽の4～8倍の質量の星の場合，炭素と酸素の中心核が収縮した後，中心温度が約8億℃に達した段階で炭素に核融合の火がつき，どんどん重い元素ができていく．この炭素の核融合はたった0.1秒程度で暴走し，星はコナゴナに砕けてしまう．これは「核爆発型超新星」と呼ばれている．さらに太陽の約8倍より重い星の場合，核反応は一気に鉄まで進んでしまうが，せっかくできた鉄は周囲からエネルギー（ガンマ

53

線光子）を吸収してヘリウムと中性子に分解する．この鉄の光分解は吸熱反応で，しかもほんの0.1秒くらいしかかからず，その結果，中心核の圧力が一挙に下がって中心核は潰れ，逆に外層は反動で飛び散る．これは「重力崩壊型超新星」と呼ばれる．

太陽の4～8倍くらいの質量の星の場合，超新星爆発の後に何も残らないが，8～30倍くらいの質量の範囲では爆発後に中性子星が残る．もとの星の質量は太陽の何十倍もあっても，大部分は星間空間に飛び散ってしまい，残された中性子星の質量は太陽程度になる．もっともっと重い星の場合，おそらく太陽の30倍くらいよりも重い星の場合は，中心核は重力崩壊を起こしてとことん潰れ，光でさえ逃れられないブラックホールになってしまう．

4.5　かに星雲の最新像

かに星雲が，光や電波はもとより，強いX線も放射していることは以前から知られていた（図4・9）．実際，天体からのX線放射の単位として，かに星雲

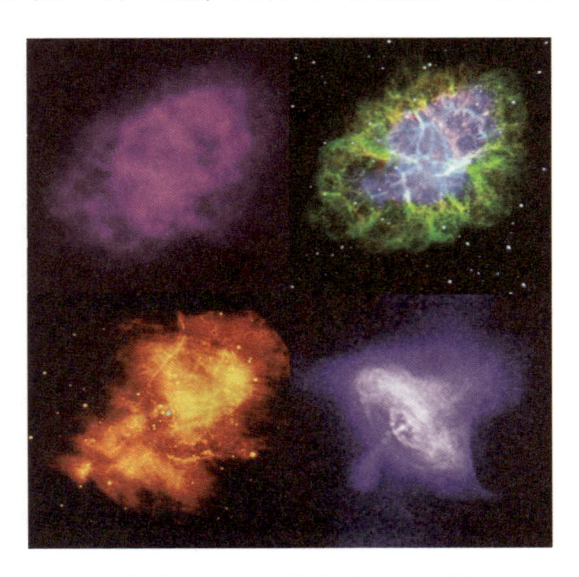

図4・9　いろいろな波長で見たかに星雲の姿（チャンドラ衛星のホームページ http://chandra.harvard.edu/index.html より）．上から，電波（VLA），赤外線（KECK），可視光（パロマ），X線（チャンドラ）の画像．

4.5　かに星雲の最新像

(Crab Nebula) から1 Crab という単位が使われているぐらいだ．かに星雲中心のパルサー活動との関連で，X線放射の様子には高い関心がもたれていたのだが，X線検出器の解像度があまりよくなかったために，詳しい構造は最近まででわからなかった．

しかし，1999年夏に打ち上げられたAXAF改めチャンドラX線衛星によって，かに星雲の驚くべき姿が明らかになったのである（図4・9）．

ちなみに，チャンドラX線衛星は，もともとアインシュタインX線衛星の後を継ぐものとして，10年以上も計画されていたAXAF (Advanced X-ray Astronomical Facility) と呼ばれる衛星だ．打ち上げが成功した後に，白色矮星のチャンドラセカール半径などを導いた天体物理学者チャンドラセカール (Chandrasekhar, S) にちなんで，チャンドラX線衛星 (the Chandra X-ray Observatory) と名付けられた．

図4・9から，中心のパルサーはX線を放射する高エネルギー粒子のリングに取り巻かれているように見える．リングは何重かあって，最も外側のものはパルサーから1光年ぐらい先まで拡がっている．このリングは，中心天体にガスが落下する際に形成される降着円盤とはまったく別物で，その形成過程はまだ完全には解明されていない．

さらにリング面から垂直方向には，やはり高エネルギー粒子によって形成されたジェット状の構造が，パルサーから双方向に噴出している．これは，活動銀河，近接連星系，原始星など様々な階層の天体で発見されている，いわゆる宇宙ジェット現象の一種だと考えてよいだろう．一般の宇宙ジェットは，重力を及ぼす中心天体とそれを取り巻く降着円盤というシステムから噴出していることが多い．しかしかに星雲のX線ジェットは，重力天体としてはパルサー（中性子星）が存在しているものの，周囲には降着円盤システムはないように見える．このことは，宇宙ジェット現象に対しても，新たに大きな謎をもたらしている．

中世の諸世界を驚かした1054年の客星は，未だその驚異を失っていない．21世紀に入っても，相変わらず天文学の世界を揺るがしているのである．

● COLUMN2 ●

冷泉家展

　以前，京都文化博物館で，「冷泉家展―近世公家の生活と伝統文化」（京都文化博物館，冷泉家時雨亭文庫，朝日新聞社主催，2002年2月16日～3月24日）が開催され，国宝の『明月記』全巻も特別展示された．この機会を逃したら二度と拝めないだろうと思って，見に行ってきたのだが，現物は予想を遙かに超える代物だった．

　客星に関する記述は，定家が69歳のときに書いた，『明月記（第五十二）』，寛喜2年冬記（1230年）に出ている．この巻は，縦28.7cm，全長2023 cmの巻物で，筆を使って漢文体で書かれている（ただし，『明月記』すべてが漢文で書かれているわけではなく，仮名文の部分などもあった）．この寛喜2年11月8日に客星が出現して，それを目撃した定家が客星の様子を記した後に，本文に書いたように，過去の出現例が並べてあった．

　さて，以前に抱いていたイメージと，実物を見たときの最大の違いは，やはり実物は，"印刷物ではなく，一人の人間の手になるものであった"，ということに尽きるだろう．

　まず第一に，当たり前といえば当たり前なのだが，実物は筆を使った肉筆で書かれている．いや，僕もまさか活字だとは思っていなかったが，それでも天文学史の資料などからは，なんとなくひとつひとつ独立した書体，いわゆる隷書体のようなものをイメージしていた（図4・2のようなイメージ）．しかし，毛筆で書かれた実物は，字がつながり合った行書体ですらすら書かれてあった（完全にくずれた草書体ではない）．藤原定家は当時の知識人で書くのが商売だったとはいえ，素人目にも達筆なように見えた（笑）．

　定家の書体は，太い部分と細い部分が強調された独特なものだったようで，他の展示物の説明などを読むと，冷泉家の歴代当主は，定家の文章を書写しつつ，書体を真似て残すことが役目の1つだったそうだ．実際，幕末から明治にかけて生きた，最後の公卿といわれた冷泉家第20代当主為理に至るまで，1人を除いて，ほとんど同じ書体である．もっとも，書体が異なった1

人の当主というのは，名前はメモし忘れたが，あまりにも書体が定家本人のものに似すぎたために，時の天皇にその書体を禁止されたそうだ．

驚いたことの2つ目は，客星に関する記述部分の取り扱い方の違いである．『明月記』は，もともとは，個人的な日記なので，大部分の文章は反故紙に書かれている．すなわち，当時の紙は貴重品なので，日記の文章などは，公文書などで失敗して反故にした紙の裏側に書いてあるのだ．事実，展示されている大部分では，裏（表）の字が透けて見えている．ところが客星の記述部分は特別で，寛喜2年の客星の記述部分も，過去の出現例の部分も，新しい紙に書いたようであった．また日記の他の部分では，紙の裏側（本来の表側）の上下部分に横罫線のようなものが引かれているが，客星に関する記述部分ではそれもない．

しかも，ここが一番ビックリしたのだが，定家が見たであろう寛喜2年の客星の部分は，日記の他の部分に比べて，特大サイズの字で書いてあるのだ．ちゃんと測定したわけではないが，日記の他の部分の文字サイズに比べると，縦も横も3倍ぐらい，いわば9倍角ぐらいのサイズで書いてある．大きさだけでなく，書体も他の部分より力が入っていて，いかにも気合を入れた感じで書いてあるのが，ありありとわかるのだ．

とにかく，天界の異変である客星の出現に対して，定家が驚天動地したさまが，このでかでかとした字体に非常によく現れていたと思う．

3番目の驚きは，客星の過去の出現例の記述部分である．いろいろな資料ではたいてい図4・2のようなベタ文だったので，実物も記述がずらずらと続けて書いてあるとばっかり思っていたが，とんでもなかった．きちんと〈箇条書き〉にしてあったのだ．すなわち，皇極天皇うんぬん，陽成院うんぬん，宇多天皇うんぬんごとに，改行してあり，しかも2行以上にわたる場合は，2行目以降は字下げするという形で，非常にわかりやすく記述してあった．例えば，かに超新星の部分は，具体的には，

　　後冷泉院天喜二年四月中旬以後丑時客星出
　　　　觜参度見東方孛天関星大如歳星

という感じで，2行にわたって記してある．もちろん，縦書き，行書で，句読点はまったく入っていない．

さらに加えて，この部分は字自体も読みやすい．すなわち，日記の他の部分と比べて，字の大きさは若干大きい程度で大差ないが，字形が明らかに綺麗に書かれているのだ．定家の特徴的なぼつぼつとした書体も，この部分では少し抑えられている．

　箇条書きで書かれていることや丁寧に書かれていることから，思いのままに書いている日記と異なり，過去の出現例の部分は，確かに何か別の記録を書き写したのであろうことが，門外漢の僕にも容易に推察できた．

　そして，以上の，客星に関する特別扱いの記述部分が終わると，紙の種類も変わり，普段の日記に戻っているのであった．

　実際のところ，超新星の記述部分は，定家本人ではなく，陰陽寮の役人が書いた可能性が高いという話もある．陰陽寮から定家のもとに届いた書状を日記に挟み込んだものらしい．もしそうなら，字体も違うし，丁寧に書かれているのも頷ける．

　しかし，さすがに古文書，一粒で何度も美味しかった．

CHAPTER 5 不吉な放浪者

5.1 はじめに

　長い尾を引きながら天空を駆けていく彗星は古代より私たちに驚異とそして感動を与えてきた．1996年の百武彗星，翌1997年のヘールボップ彗星の雄姿はまだ記憶に新しい．筆者がいまでもありありと想い出すことのできるのは，1976年3月6日の早朝，東の空に見たウェスト彗星だ．その姿は決して「ほうきに乗った魔女」ではなく，長い髪をたなびかせ天を飛んでいく「曙の女神オーロラ」そのものだった．

図5・1　ウェスト彗星.
門田健一氏提供　撮影地：高知県吾川郡春野町　撮影日：1976年3月4日．

　彗星の「彗」はほうきの意で，その和名も，和名類聚抄に「八々木保之」とあるようにホウキボシである．他にも「鉾星」，「穂垂れ星」などとも呼ばれた．また，英語のcometは「長い髪の星」という意味である．彗星は洋の東西を問わず不吉なものとされ，恐怖の的だったようだ．

　Yeomans[1]のページには歴史上の大彗星がまとめられおり，そのうちか

CHAPTER5　不吉な放浪者

ら−3等より明るかった，すなわちヘールボップ彗星より2等級以上も明るかったものを表5・1に載せた．昼間でも見えた記録のある彗星には＊印をつけたが，この6個以外にもいくつかある．

表5・1　歴史上の大彗星

近日点通過年月日	最大等級	名　称	可視日数
837年　2月28日	−3	ハレー	39＊
1402年　3月21日	−3	1402D1	70＊
1577年　10月27日	−3	1577V1	87＊
1744年　3月01日	−3	1743X1	110＊
1843年　2月27日	＜−3	1843D1	48＊
1882年　9月17日	＜−3	1882R1	135＊

5.2　歴史の中のハレー彗星

彗星といえば誰もがすぐにハレー彗星を想い浮かべるが．その名前はもちろんエドモンド・ハレー（1656‐1742年）の名にちなむ．

彼は，1531年，1607年，1682年に出現した彗星の軌道がよく似ていることに気づき，ニュートン力学に基づいた計算からこの彗星が再び1758年に回帰することを予言した．ハレーはそれを見ることなく，1742年に86歳の高齢で亡くなった．しかし，1682年の出現時に26歳だったハレーは，後に自分の名が付くことになる彗星を観測していて，その観測記録も残っている．ただ，彼の手元にはまだ整った観測機器はなかったため，当時の水準に比べても観測精度は低く，彗星の軌道計算のときにも他の人のデータを使っている[2]．回帰が予言された1758年には，プロ・アマを問わずヨーロッパ中の天文家の間で発見競争が繰り広げられた．中でも若い野心家メシエ（1730‐1817年）の意気込みはすごかった．秋になっても現れず誰もがやきもきしたが，その年も終わりに近づ

図5・2　エドモンド・ハレー．

5.2 歴史の中のハレー彗星

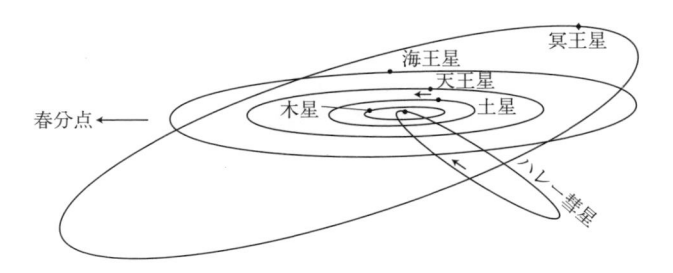

図5・3 ハレー彗星の軌道（『ハレー彗星物語』恒星社厚生閣より）．

き，やっとクリスマスの明け方になってドイツのアマチュア天文家パリッシュが見つけた．メシエは第1発見者にはなれなかったのにも諦めず，翌年1月21日に独立に見つけた．4月下旬の地球に最接近の頃は天の南極近くを通っていたので北半球からは見えなかった．この事件はただ彗星の発見競争ということに留まらず，ニュートン力学が土星の彼方まで適用できるということが証明されたのであり，科学史上非常に重要である．なお，当時は「彗星の番人」と呼ばれたメシエだが，皮肉なことに彗星と紛らわしい天体をあらかじめリストアップした表（メシエカタログ）の方がその後の天文学に多大な貢献をしている．

表5・2 ハレー彗星の記録

	近日点通過年月日		記載文献・備考	
BC	240年	5月25日	「史記」	最初の記録
	164年	11月12日	ローマの記録ではBC 163年	
	87年	8月 6日	「漢書」	武帝・司馬遷没
	12年	10月10日	「漢書」	
AD	66年	7月25日	「後漢書」	エルサレム陥落
	141年	5月22日	「後漢書」	
	218年	5月17日	「後漢書」	
	295年	4月20日	「晋書」	
	374年	2月16日	「晋書」など	
	451年	6月28日	「宋書」など	
	530年	9月27日	「魏書」など	
	607年	5月15日	「隋書」など	
	684年	10月 2日	「唐書」「日本書紀」など	
	760年	5月20日	「唐書」など	
	837年	2月28日	「唐書」「続日本後紀」など	
	912年	7月18日	「扶桑略記」など	

CHAPTER5　不吉な放浪者

近日点通過年月日		記載文献・備考	
989年	9月 5日	「日本紀略」など	安倍晴明
1066年	5月20日	以降各国に多数記録あり	ノルマン征服
1145年	4月18日		
1222年	9月28日		
1301年	10月25日	ジオットのフレスコ画	
1378年	11月10日		
1456年	6月 9日		
1531年	8月26日		
1607年	10月27日	ケプラーが観測	
1682年	9月15日	ハレーが観測	
1759年	5月13日	ハレーが予言	
1835年	11月16日	我が国初の軌道計算	
1910年	4月20日	尾の中に地球が突入することでパニック発生	
1986年	2月 9日	彗星探査機ジオットの観測	

5.3　古代中国の記録

　天文の古記録が最も多く詳しいのは，もちろん中国である．不確かながら，紀元前11世紀，武王紂伐の年に彗星が出現した伝承があるそうで，実際にハレー彗星はBC1059年12月に回帰しているはずという[3]．『史記』[4]には春秋戦国時代，秦の刺襲公十年，躁公元年，さらに始皇帝の曽祖父である昭襄王の時代（BC300年頃）に彗星出現の記載があるが，これらはハレー彗星ではないようだ．始皇帝時代には天文記録が非常に多く，これらを時代順にたどってみると

- 七年（BC240年）彗星がまず東方に出て，次いで北方に現れ，五月西方に現れた．― 中略 ― 彗星がまた西方に現れた．
- 九年（BC238年）彗星が現れ，時に天空いっぱいに広がった．― 中略 ― 彗星が西方に現れたが，次いでまた北方に現れ，北斗星から漸次南に移ること80日間であった．
- 十三年（BC234年）― 中略 ― 正月，彗星が東方に現れた．
- 三十三年（BC214年）― 中略 ― 彗星が西方に現れた．
  三十六年（BC211年）熒惑星が，心星の宿るところに止まって動かなかった．

星が東郡に落ちて石となった．

記載はBC238年の方が詳しいが，BC240年の件は最古の確かなハレー彗星の記録と言われるものである．青年時代の始皇帝（当時はまだ秦王である政）はこの凶を吉に転じようという気持ちで眺めたことだろう．長谷川[3]に載っている軌道要素をそれに基づいて軌道を計算してみると5月上旬，日の出前に東天に現れ，昴の近くに見えた．その後北に向かい25日に近日点通過し，西へ向かい，ペルセウス座ぎょしゃ座を通り抜け，6月初旬ふたごの北に達する．6月10日地球最接近の前後には朝晩2回見えていたはずだ．その後は日没後西天に見えるようになった．しし座からおとめ座の方向に進み6月末まで見えていただろう．

ところで最後の天象，熒惑星とは火星のことで心星とはアンタレスのことであるが，BC211年には両星は接近しているどころか，火星は冬の星座の間をめぐっている．ところがその1年前の8月と1年後の3月にはさそり座に宿る．1年後，すなわちBC210年といえば始皇帝の没年だ．圧政が終結し戦乱の世に戻る前兆として特記してあるようにも読めるが，さてこの1年の違いはどのように解釈すべきか？

漢の武帝時代（BC140‐BC87年）に彗星・流星・客星など天文記事が多いのは史記の成立時のせいだろうか．建元三年（BC138年）三月，四月，元封年間，太初年間の彗星出現は王族や周辺国の謀反と並べて記されている．その武帝は後元二年（BC87年）ハレー彗星が現れた年に没している[5]．

218年春，北空に現れたハレー彗星を見て曹操（155‐220年）と諸葛孔明（181‐234年）はそれぞれ我田引水の解釈をしたことだろう．五惑星の祝福で始まった漢王朝が滅亡するのはこの彗星出現の2年後のことである．

5.4　我が国の記録

607年のハレー彗星は史上2番目の明るさで，若き聖徳太子が渡来人から彗星の説明を聞いていたとも想像できるが，残念ながらそんな記録はない．我が国最古の彗星出現記録は『日本書紀』[6]舒明時代にある．当時，唐と国家間交流が始まり，遣唐船によって天文知識が輸入され始めたためか，彗星記録が3回もある．

- 六年（634年）秋八月，長き星南方に見ゆ，時の人彗星と曰ふ．
- 七年（635年）春三月，彗星廻りて東に見ゆ．
- 十一年（639年）春正月の己巳に，長き星西北に見ゆ．時に旻師が曰く「彗星なり．見ゆれば飢す」といふ．

旻は小野妹子に従って隋へ留学し，帰国後は朝廷で活躍した僧であった．これらの彗星はいずれもハレー彗星ではない．

『日本書紀』の天武十三年秋七月に「壬申に彗星西北に出づ．長さ丈余」という記載は我が国最初のハレー彗星の記録である．この日をユリウス暦に換算すると684年9月7日となり，尾が10°以上も伸びていたということになる．記載はただこれだけという簡単なもので，その前後の記述は彗星と関係ない．占星台が作られた天武時代にしてはそっけない記事だ．同年に起こった隕石落下の方はよほど大事件のように見える．我が国にはその次の760年（天平宝字三年）のハレー彗星出現記録はないが，平安時代には天変の記録が重視されて，彗星の記録も増えてくる．ハレー彗星が地球に最も近づいたのは837年（承和三年）であり，当然最も明るく大きく見え，早足で天空を駆け抜けていった．『唐書』の詳しい記録によると4月9日には1夜で80°も移動したそうだ．『続日本後紀』にも彗星は東南の空から天空まで延びていたと記されている．912年のことは『日本紀略』によれば「延喜十二年六月三日（912年7月19日）に北西に彗星が現れ，9日見えた．十二日（28日）には西の方に移動していた．」ということである．近日点通過は18日で，記載はなくてもそれより前から日の出前に現れていたと思われる．また989年の彗星出現は天文博士の任にあった安倍晴明が観測したはずだ（3章参照）．

5.5　西欧の記録

アリストテレス（BC384‐BC322年）は，彗星とは天体ではなく大気現象だと考えていたそうである．彼が書き記した彗星の出現年BC467年は，中国では周の貞定王二年にあたり，上記の秦の躁公元年に中国人が見た彗星と同じものらしい．BC44年に現れた彗星について，ローマの博物学者プリニウス（23‐79年）は博物誌の中で「暗殺されたカエサル（＝シーザー）の霊が不死なる神々の霊の間に受け入れられたことを意味するもの」と記している[7]．こ

5.5 西欧の記録

れは，漢書天文志に「初元五年四月（BC44年5月18～6月16日），彗星が西北に出た．赤黄色で長さは八尺ばかり，数日後に一丈余になった．東北を指し参宿（オリオン座の三ツ星）のさかいにあった．」と記されている彗星らしい．両記載の細部に食い違いはあるが，この彗星は6月中旬の日没後，西北に現れ，その後早朝の東天に回り，6月末～7月中旬には明るく見えたと推測できそうだ．またエルサレムがローマによって陥落した66年に大彗星が現れたという伝承があるそうで，その正体は後漢書に載っている彗星（実はハレー彗星）かもしれない．

一般にヨーロッパでは記録が簡略で，また欠落も多いが，1066年のハレー彗星出現は有名である．フランスのノルマンディーのバイユー美術館に有名な壁掛の刺繍「バイユーのタペストリ」がある．イングランド征服を記念して征服王ギョーム（英名ウィリアム1世）の王妃マチルダが侍女たちと作ったといわれている．実物は70mにもなる長大なもので，美術史の教科書にも載っているが，同時代の日本や絵巻物に比べるとなんとも稚拙に思えてならない．そこには彗星出現に恐れおののくイングランド王のハロルドが描かれている．大杉[8]によると1066年1月にイングランド王エドワードの死後，王妃の弟ハロルドが後を継ぐが，ノルウェイ王ハードラダおよびノルマンディー公ギョームが後継者として名乗りを上げた．三すくみの緊張の最中，4月16日に大彗星が現れ，イングランドは王も兵も戦意を喪失してしまう．ハロルドはノルウェイの侵入はなんとか防いだものの，南から渡ってきたノルマンディー軍とヘースティングで戦って戦死する．残党を降伏させたギョームはイングランド王を名乗り12月25日にウェストミンスター寺院で戴冠式を挙行する．ここに英仏海峡を挟んでノルマンディー公がイングランド王を兼ねるノルマン王朝ができ，以降約400年間，ジャンヌダルクが現れるまで英国王は仏国王の臣下というか，仏国内に英国領があるというか，両国の非常に複雑な関係が続いた．この事件の影の立役者，ハレー彗星こそまさに歴史を揺るがした星である．イングランド人はそれまで彗星（haired'star）を見たことがなかったそうだ．その12年前の大超新星（かに星雲）出現の記録もないところをみると，中世のヨーロッパ人は天体現象に無関心だったのか，あえて無視したのか，それともまだ紙がなくて記載できなかったのか（4章参照）？

CHAPTER5 不吉な放浪者

図5・4 彗星出現に驚くハロルド王.
板垣文恵氏提供「おんどり刺しゅう研究グループ1997年作品」より

　この年の彗星出現について中国には4月2日から6月7日まで詳しい記録があり，北の空に非常に明るく見えたようだ．日本では4月3日に見え始めたという記録があり，高麗・ビザンチンなど各国の史書にも記載されている[3]．

　中世最後の大画家として有名なジオットの代表作はイエス生誕のフレスコ画である．赤ん坊のイエスがマリアに抱かれて，東方の博士に祝福されているという新約聖書マタイ伝に基づいた絵であるが，その絵の上部に彗星が描かれている．当時には1299年1月，10月，1301年9月，12月，1302年7月，1303年7月，1304年2月，12月と多数の彗星出現の記録があるので，彼が描いたのはハレー彗星（1301年9月）ではないかもしれない[3]．むしろ彼は頻繁に現れる彗星を見て，「ベツレヘムの星」とは彗星であると思っていたのだろう．ハレー彗星は紀元前後ではBC12年に出現しているが，他の彗星では不明である．前回1986年の3月のハレー彗星に突入して直接観測した彗星探査機はこの画家にちなんでジオットと名付けられた．

　表5・1に載せた1577年の大彗星を観測したティコ・ブラーエ（1546-1601年）は彗星には視差が認められないので，月よりも上層の現象と考えた．ここに彗星は天体と認定され，これより天文研究の対象となった[9]．

5.6 彗星の天文学
1) 彗星の分類
　彗星は公転周期によって2種類に分けられる．公転周期が200年以下のものは短周期彗星と呼ばれ，それ以上のものは長周期彗星と呼ばれる．ハレー彗星のように短周期彗星の中でも大きなものは軌道が確定していて，いつどこに見えるかわかっているが，それ以外の彗星はコメットハンターたちによって毎年，新たに発見されている．これまでに発見された彗星は約1000個あるが，そのうち約80％は長周期彗星である．短周期彗星は，もとはもっと長い軌道をまわっていたのが，木星や土星の引力の影響で軌道が変化したのだと考えられている．ハレー彗星は例外的な大型彗星で，短周期彗星の大部分は貧弱で望遠鏡なしではとても見えない．それらの軌道は一般に扁平な楕円で金星から木星あたりまでを数年かかって公転する．彗星の軌道面は地球の軌道面すなわち黄道面からせいぜい30°しか傾いていない．その代表例はエンケ彗星でこれまで59回という最多観測記録のある彗星である．一方，ウェスト彗星，百武彗星，ヘールボップ彗星など話題になった大型彗星は一般に長周期彗星である．その軌道はほぼ放物線で，黄道面と垂直の運動（ヘールボップ彗星）や，9惑星と逆回りの運動（百武彗星）も珍しいことではない．彼らも太陽系の外からやってくるのではなく，太陽の重力と結びついた太陽系の一員とされる．

2) 彗星の構造
　彗星の構造は大きく分けると，核，コマ，尾の3つの部分からなる．核の大きさは10 km程度でかなり小さく，「汚れた雪だるま」とも言われるように，氷とダストからなっている．前回(1986年)ハレー彗星が太陽に最も近づいたとき，地球は太陽をはさんで反対側にあったので，地上からは期待したほどは見られなかった．一方，日本も含め各国の探査機がハレー彗星に接近し，なかでもヨーロッパの探査機ジオットはハレー彗星の核の画像を送ってきた（図5・5，太陽光は左上から当たっている）．それを見ると，核の大きさは15×8 kmほどで，中央が少しくびれて，凹凸もかなりある．そして，太陽に照らされた側の特定の部分からジェットが噴出しているのがわかる．また，核のアルベド（反射率）は0.04で，入射光の4％しか反射しないこともわかった．ハレー彗星の核は，太陽系天体の中でも最も黒っぽい天体で，かなり真っ黒な雪だ

CHAPTER5　不吉な放浪者

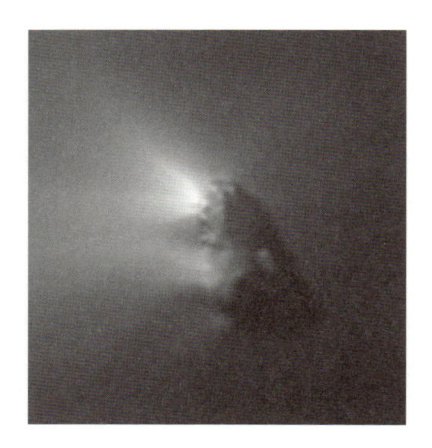

図5・5　ジオットによるハレー彗星の核（Photo：ESA提供）．

図5・6　ヘールボップ彗星の2つの尾（ダイニックアストロパーク天究館提供）．

るまと言える．

　太陽から離れているときは核のみだが，太陽に近づくと太陽の熱によって核の表面の氷やダストがガス化（昇華）してコマ（coma；コメットと同じく髪の毛の意味）を形成する．コマのガスが太陽に吹き流されて尾となるが，尾には2種類あってイオンの尾とダストの尾と呼ばれる．イオンの尾はコマのガスが太陽の紫外線でイオン化（電離）したもので，写真で見ると青く見える．太陽から飛んでくる粒子（太陽風）と磁場の影響で，太陽とは反対の方向にほぼ一直線に吹き流される．一方，ダスト（塵）の尾は白，または黄色っぽい色で，太陽の引力と太陽からの光の圧力（光圧；光が当たるとわずかながら圧力を受けるので，それが太陽の反対側に向かう力になる）の2つの力を受け，少しカーブしながら広がっていく（図5・6）．尾の長さは時には太陽から地球までの距離を超えることもある．

3）流星の起源

　コマや尾はすべて彗星の核からの噴出物だから，彗星は太陽系空間に自分自身を細かく千切って撒き散らしながら運動しているわけだ．撒き散らかされた星屑は彗星と同じ軌道を回るようになるが，地球がその近くを通り過ぎるとき一斉に落下してくる．それは

5.6 彗星の天文学

流星雨と呼ばれる現象で，毎年夏休みの夜空を飾るペルセウス座流星雨や秋の終わりを告げるしし座流星雨には，かつて雨のように降り注いだという記録がある．2001年11月19日未明の素晴らしいしし座流星雨のことはまだ記憶に新しい．ハレー彗星のダストが起源となっている流星群として，5月のみずがめ座エータ群と10月のオリオン座流星群がある．

4）彗星のふるさと

彗星が太陽に近づくたびにコマや尾を吹き出す分，彗星の核はやせ細っていく．ハレー彗星は前回の接近で，質量の約3000分の1を失ったとされる．毎回の接近で同じ質量を失うとして単純計算すると，ハレー彗星の余命はあと3000回×76年で約23万年ということになる．これは，太陽系46億年の歴史に比べればほんの一瞬である．

そうすると新しい彗星が次々と供給されなければならない．その供給源としてオールトの雲とエッジワース・カイパーベルトが考えられている．オールトの雲は，数十万天文単位（1天文単位は太陽から地球までの距離1.5億km）の彼方に広がる球殻状の彗星の巣で長周期彗星の故郷とされるが，観測的に存在が確認されているわけではない．そこは暗黒極寒の世界で，惑星になれなかった太陽系の原物質が漂っているのだろう．恒星や分子雲が近くを通りかかったときにオールトの雲の中にある天体が重力的に揺さぶられたりして，太陽めがけて落ちてくると考えられている．

一方，短周期彗星は，冥王星の外側にドーナツ状に分布するエッジワース・カイパーベルト天体との関連が指摘されている．この名前はその存在を予言した2人の天文学者の名前にちなみ，1992年以降，約1000個の小天体が発見されている．現在の位置では小惑星と同じく点状にしか見えないので，小惑星としての番号が付けられている．しかし，これらの天体は氷を含んでいるので，太陽に近づけば彗星のように見えると考えられる．エッジワース・カイパーベルトは外側ほど厚みを増し，球殻状のオールトの雲と連続的につながっているらしい．冥王星も惑星というよりエッジワース・カイパーベルト天体のうち最大の天体，という考え方も提起されている．

ハレー彗星は2160年まで見られないが，ベネット（1970年），ウェスト（1976年），百武（1996年），ヘールボップ（1997年）など，ハレー彗星より

CHAPTER5 不吉な放浪者

明るい彗星はこれまでいくらでもあった．2005年の新年にもマックホルツ彗星（図5・7）が眺められた．いまもなお驚異と感動を与えてくれる大彗星が近年中に現れることを期待しよう．

図5・7 マックホルツ彗星．
（ダイニックアストロパーク天究館提供）

●COLUMN3●

「ノルマン征服」のころ

　11世紀の西ヨーロッパにはイギリス，フランスというような国家はまだ成立せず，小国が合併分裂を繰り返している時代だった．イングランドは何度もデンマークやノルウェイからのバイキングに侵入され，その支配下に入ることも少なくなかった．デンマーク・ノルウェイ・イングランドを支配したカヌート王が若死にし，短命の国王2人の後，イングランドの諸侯はアルフレッド大王の血を引くが当時はノルマンディーに亡命中のエドワードを王とした．そして大領主ゴッドウィン家では，姉エディスはエドワード王の王妃に，弟ハロルドはその宰相となった．エドワード王の没後，ハロルドが即位すると弟（兄？）トスティはノルウェイ王ハードラダとともにイングランドに攻め入ったものの戦死する．ノルマンディー軍に敗れたハロルドの在位はわずか10ヶ月で，イングランドの諸侯はあっさりとギョーム（ウィリアム1世）に従った．この後，イングランドが海外から征服されることはなく，後の王家は今日ま

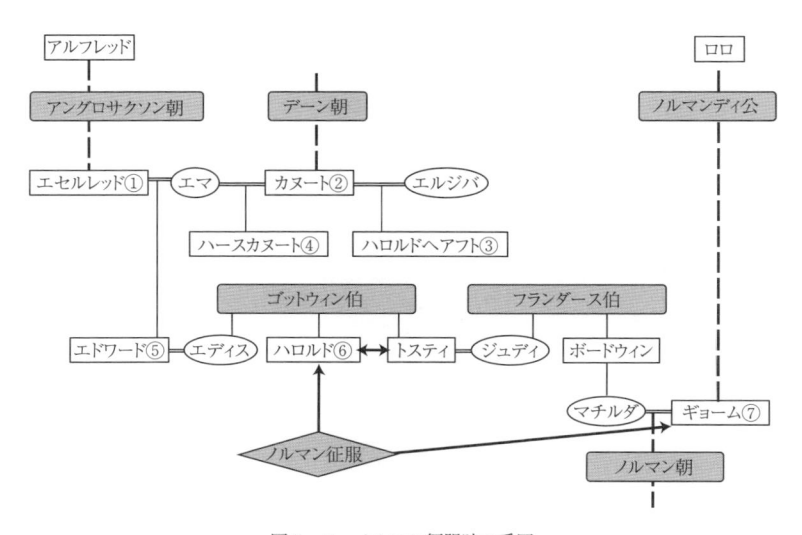

図5・8　ノルマン征服時の系図．

で全てウィリアム1世の血統を受け継いでいる．最後最大の侵入「ノルマン征服」は，北からのノルマン人ではなく，南からのノルマンディー軍に征服された事件であった．ノルマンディーは10世紀にロロに率いられたノルマン人が，フランスのノルマンディー半島を占拠して築いた国で，パリのカペー王朝と何度も争っている．

　統一国家はまだ成立せず，かつてのギリシア・ローマ文化はとっくに忘れられ，芸術学問には無縁の時代である．イギリスが世界の海に繰り出し，シェークスピアやベーコンが活躍するエリザベス女王（在位1558-1603）時代はまだ500年も先のことだ．

CHAPTER 6
1908年，天空からの衝撃
―ツングースカの大爆発からスペースガードへ―

6.1　小惑星2002 MNのニアミス

　2002年6月14日，ちょうどサッカーのワールドカップで日本と韓国（そして世界も）が盛り上がっていた頃，宇宙ではちょっとヒヤリとする事件が起こっていた．それは，直径100 mほどの小惑星が，地球から約12万kmという距離のところを人知れず通過していったという「事件」である．この距離は，静止衛星がある高度（3万6千km）の3倍ちょっとという至近距離だった．

　ワールドカップ開催中ということもあって，イギリスのあるニュースでは，「Referee! That asteroid was miles offside」というような見出しで報道された．このニュースではさらに「ブルース・ウィリスとスティーブン・ホーキングとデイビッド・ベッカムが束になってかかっても，小惑星2002 MNから人類を救うことはできなかったであろう」と続けていた．ここで出てきた2002 MNというのが接近した小惑星の仮符号*なのだが，実際にこの小惑星が発見されたのは6月17日のことで，最接近の後，3日ほど経っていた．

　つまり，人類は事前にはこの小惑星が接近することを知らなかったのである．もし地球に衝突していたら，まさに不意打ちであり，ワールドカップなどどこかに吹き飛んでしまっただろう．しかし，過去にはそのような不意打ちが実際に起こっているのである．ここでは，そのような天体衝突のうちの1つであるツングースカ大爆発について振り返ってみよう．

---

*　軌道が正確に決まる前に小惑星に付与される名前．正確な軌道が決まると，確定番号と呼ばれる通し番号が付けられる．

6.2 ツングースカの大爆発

　1908年6月30日の午前7時過ぎのこと，中央シベリアのポドカメンナヤ・ツングースカ川の上空（図6・1）で，人類史上最大とも言える大爆発が起こった．この爆発は，巨大な火球が天空を南東から北西へ横切ったあと，ものすごい爆音と暴風を伴ったという．その爆音は，700 km も離れたところにも伝わった．また，衝撃波は，イギリスなどヨーロッパ各地の気圧計にも記録されたということだし，地震波も世界の何ヶ所かで記録されたということである．また，その晩と次の晩は，ヨーロッパでは一晩中屋外で新聞が読めるほど夜が明るかったという．そしてその後わかったことだが，その爆発が起こったところでは，森林が2千 km^2 にわたってなぎ倒され，焼け野原となった．動物も多くが死んだが，幸いなことに人的な被害は少なかったようである．

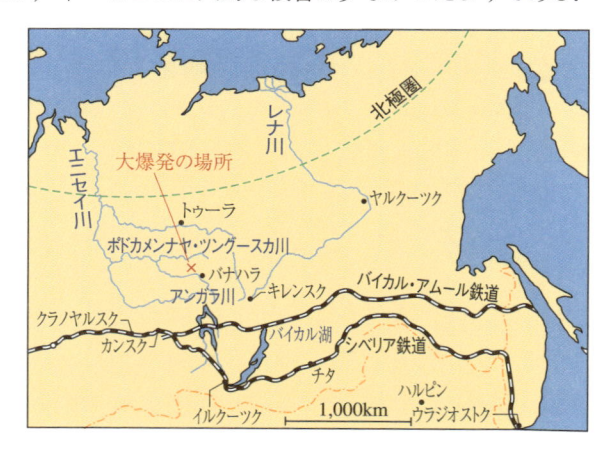

図6・1　ツングースカ大爆発が起こった場所（北緯60°55′4.6″，東経101°56′55.6″）．

　この大爆発をもたらしたものは，いったい何なのだろうか．初めて現地に入ったのは，クーリック（L.A. Kulik）を隊長とする遠征隊で，1927年のことだった．彼らが現地に入って見たものは，爆発地点を中心として一面放射状に倒された木々や焼け焦げた木々だった（図6・2）．当初はその爆発の原因がよくわからなかったのだが，調査が進むにつれて小さな天体が地球に衝突したことが大爆発の原因と考えられるようになった．しかし，地上にクレーターは発見さ

6.2 ツングースカの大爆発

図6・2 1928年のツングースカの様子(ボローニャ大学のホームページ http://www-th.bo.infn.it/tunguska/より.以下の図6・4,図6・5も同様).

れていない.そこで,直径が60 m程度の彗星(氷の固まり)が衝突してきたものと考えられた.ただし,純粋な氷の固まりだと大爆発する前に溶けてしまう可能性もある.また,このくらいの大きさの天体ならたとえ岩石でできていても衝突の衝撃で細かい破片に分裂して爆発する可能性があるとの研究もある.

このように現在でも依然として衝突してきた天体は謎のままだが,太陽系の小天体の衝突が大爆発の原因であるということについては,疑いはないようだ.

衝突してきた天体がなんであれ,この天体は地上8 kmくらいの高さで爆発したと推定されている.この天体は小惑星や彗星としては非常に小さなものだが,その衝突のエネルギーはTNT火薬換算で10〜20メガトンと見積もられており,広島型原子爆弾の1000個分にも相当する.爆発によって木々が倒された領域というのを,日本の地

図6・3 爆発によって木が倒された領域(図6・2のキャプションにあるボローニャ大学のホームページに掲載されていた図を用いて,それを関東地方の地図にスケールを合わせて重ねたもの).

CHAPTER6　1908年，天空からの衝撃

図に重ねてみたものが図6・3だが，爆発の規模が相当なものであったということがわかる．

現在でも，時々，現地には調査隊が入って調査研究が続けられている．いまでは爆発で焼け野原になった地域にも新しい草木が芽生えているが，まだ当時の被害の跡を見ることができる（図6・4，6・5）．

図6・4　現在のツングースカの様子．

図6・5　立ったまま焼けた木．現在でもまだこのような当時の跡が見られる．

このツングースカの大爆発については，おもしろいことが言われている．それは，もし衝突時間が数時間ずれていたら，ペテルスブルク（旧ソ連時代のレニングラード）を直撃していたかもしれない，ということだ．衝突地点の緯度は北緯60°くらいであるが，これはペテルスブルクの緯度とほぼ同じなのである．当時ペテルスブルクにはレーニンがいたはずで，そうすると20世紀の歴史は大きく変わっていたかもしれない，というわけだ．6500万年前に恐竜を含む多くの生物種を絶滅させたのが小惑星の衝突だという説がある．このような大激

変に比べれば，人類の歴史など取るに足らないものかもしれないが，ほんのちょっとのタイミングのずれで現代社会がまったく違うものになっていたのかもしれないのである．

6.3 最近の天体の衝突とニアミス

　ツングースカの大爆発は100年近く前の話だが，人類はつい最近，実際の天体衝突を目の当たりにした．それは，1994年に起こったシューメイカー・レビー第9彗星の木星衝突である．シューメイカー・レビー第9彗星は，その核が20個ほどに分裂した彗星であったが（図6・6），それらの彗星核が次々と木星に衝突したのである．1つ1つの核の大きさは差し渡し数kmほどであり，

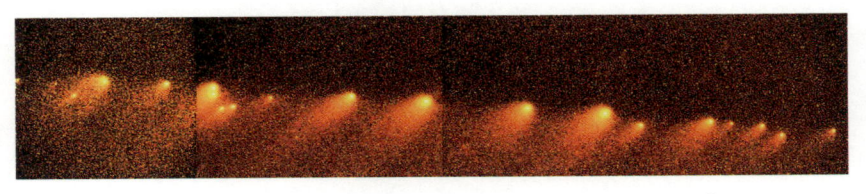

図6・6　ハッブル宇宙望遠鏡によって撮影されたシューメイカー・レビー第9彗星（http://hubblesite.org／より．図6・7も同様）．

図6・7　シューメイカー・レビー第9彗星の衝突の跡．

CHAPTER6　1908年，天空からの衝撃

　その衝突のエネルギーはツングースカの場合とは比べものにならないほど大きいものだった．実際，衝突の直後には木星表面に黒いしみのような模様ができたが，その模様には地球の大きさにも匹敵するものがあったのである（図6・7）．人類は改めて天体衝突のエネルギーの大きさを実感したのである．

　シューメイカー・レビー第9彗星の場合には，木星への衝突であり，地球への影響はなかったのだが，ツングースカ大爆発以外にも天体の地球衝突の話はいくつかある．例えば，1930年8月13日に起こったアマゾン川上流での爆発や1947年2月12日にシベリアに衝突したシコーテ・アリン隕石などが，20世紀ではツングースカ大爆発に次ぐ規模の天体衝突であると言われている．この他，大きな災害とはならないレベルの天体衝突（隕石の落下）は，日本国内でも海外でもよく目撃されている．また，1972年にアメリカで目撃された天体のように，大気圏に突入して巨大な火球になったが，衝突はせずにまた宇宙空間に飛び去って行ったという天体すらある．これらに加えて，最近では軍事衛星が上空での爆発現象をかなりとらえているようで，これらも天体が地球に衝突して上空で爆発したものと解釈されている．

　さらに，地球に接近しただけで衝突には至っていないというケースは最近，非常に多く観測されている．例えば2002年には，小惑星の地球接近（ニアミス）が何回も観測され話題になった．まず，2002年1月7日には，小惑星2001 YB5が地球に約83万kmまで接近した．これは地球‐月の距離の2倍強の距離である．このニアミスについては，日本では少数のマスコミが報道したにすぎなかったが，海外ではかなり注目された．その理由は，接近してきた小惑星の大きさが300〜400 mと，このくらいの距離まで接近してきた小惑星としては大きかったことと，この小惑星が発見されたのが2001年12月26日であり，発見されてわずか2週間も経たないうちに地球に接近したためである．一部の報道では，もし地球に衝突していたら「フランス規模の国が吹き飛んだ」というような表現さえ使われた．

　3月半ばになると，2002 EM7という小惑星が，実は3月8日に地球に約47万km弱まで接近していたということが明らかになった．この小惑星は，大きさが100 m程度ということだが，最初に述べた2002 MNと同様に地球に最接近したあとで発見されたのである．これらの小惑星は，見かけ上，太陽に近い

6.3 最近の天体の衝突とニアミス

方向から地球に接近したために，接近の前には発見が難しかったのである．

さらに，4月になるとアメリカのサイエンス紙（4月5日発行）に小惑星1950 DA が西暦2880年に地球に衝突する確率が0.3％であるという論文が掲載された．いままでも小惑星が地球に衝突するという話は何度も出されているのだが，そのたびにすぐに否定されるという繰り返しだった．ところが，今回の発表はサイエンスという学術雑誌に掲載されたもので，いままでのものとは質が違う．この論文を書いたのは，アメリカのジェット推進研究所（JPL）の研究グループで，レーダーで小惑星の観測をしたり，緻密な軌道計算も行なったりしている．900年近くも先の話なので，特にいまから衝突を心配する必要はないのだが，注目すべき論文であることは確かである．

そして，最初に紹介した6月14日の2002 MN のニアミスが起こるのである．その後も，小惑星のニアミスは何回か起こっており，国際天文学連合のマイナー・プラネット・センターによると地球に0.01天文単位（約150万km）以内に接近したニアミスが，2002年には合計12回観測されている．さらにそのようなニアミスが，2003年には23回，2004年には30回も観測されているのである．その中でも特に2004年3月31日に起こったニアミスでは，接近距離が地球中心から約12900 km，地表からにすると約6500 km の高度を通過したことになり，軌道が算出された小惑星としては過去最小の記録となった．

このように，最近は特に，小惑星のニアミスや衝突の話題には事欠かない．事欠かないどころか，単なる脅かしや興味本位の話から，サイエンスに根ざした話へと質的にも変化してきている．参考までに，小惑星の「ニアミスベスト10」を表6・1に示す．この表に示されているものはすべて，地球 - 月の距離の半分以内に接近したケースである．2004年末までに，月の距離以内に接近したものがすでに22例ある．ただし，それらの小惑星のほとんどは，大きさが10 m程度のものである．ところが，最初に紹介した2002 MN という小惑星は大きさが50〜100m程度と推定されており，もしこれが地球に衝突していたら，100年近く前に起こった「ツングースカ大爆発」と同様なことが起こっていたかもしれないのである．

表6・1 小惑星のニアミスベスト10

NO.	小惑星名	最接近距離	最接近日	絶対等級	推定直径
1	2004 FU162	12,900 km	2004年3月31日	28.7	約 5 m
2	2004 YD5	33,800 km	2004年12月19日	29.3	約 3 m
3	2004 FH	49,000 km	2004年3月18日	25.7	約20 m
4	2003 SQ222	84,000 km	2003年9月27日	30.1	約 2 m
5	1994 XM1	110,000 km	1994年12月9日	28.0	約 7 m
6	2002 XV90	120,000 km	2002年12月11日	25.0	約25 m
7	2002 MN	120,000 km	2002年6月14日	23.4	約50 m
8	1993 KA2	150,000 km	1993年5月20日	29.0	約 4 m
9	2003 XJ7	150,000 km	2003年12月6日	25.7	約20 m
10	2003 SW130	160,000 km	2003年9月19日	29.2	約 4 m

国際天文学連合（IAU）のMinor Planet Center （MPC）のホームページ（http://cfa-www.harvard.edu/cfa/ps/mpc.html）に掲載されているデータより改編（2004年末現在）．絶対等級は，小惑星に定義されるもので，恒星に定義されるものとは異なる．この絶対等級の値により大雑把に小惑星の大きさが推定できる．ここでは，表面の反射率であるアルベドを0.25と仮定した場合のおおよその大きさが記載されている．

6.4　地球のまわりの小天体

このように，地球というものは常に小天体衝突のターゲットとなっているとさえ言っても過言ではない．ところが，このような状況はつい最近まではあまり認識されていなかった．それは，地球に接近してくる天体の多くが非常に小さいものであり，発見するのが難しかったためである．しかし，最近の観測技術，特に天体撮影用のCCDカメラやデータ処理の計算機の発達により，地球に接近する天体が多数発見されるようになった．その様子を図6・8に示す．図6・8はNEO（Near Earth Object）と呼ばれる小惑星の月別発見個数だが，1998年から発見個数が急に多くなったことがわかる．これは，観測機器の技術革新が進んだことに加えて，地球に接近する天体を積極的に探そうという活動が，特にアメリカで本格化したためである．ここで，NEOとは，近日点距離（太陽に最も近づく地点の太陽からの距離）が1.3天文単位より小さい軌道をもつ小惑星や彗星のことである．

2004年末の時点で，軌道が算出されている小惑星は27万個余りある（うち確定番号が付いたものは10万個弱）が，このうち，NEOと呼ばれる小惑星は

6.4 地球のまわりの小天体

3100個余りに上る．試みにNEOのうちの205個の軌道を描いてみると図6・9のようになる．この図を見ると地球軌道近辺にNEOが多数飛び交っていることがわかるだろう．実際には，この図に描かれているものの15倍くらいの

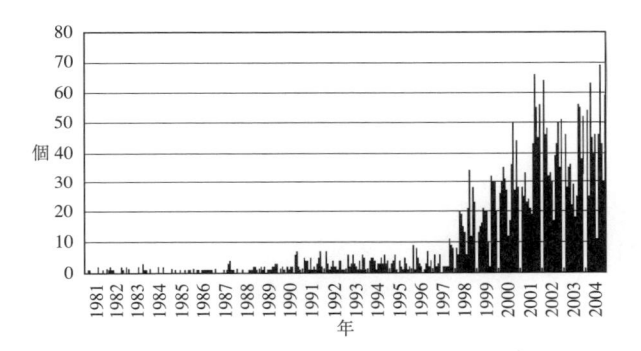

図6・8　NEO（小惑星のみ）の月別発見個数．2004年末の時点でローエル天文台が公表した軌道データに基づいて作成．

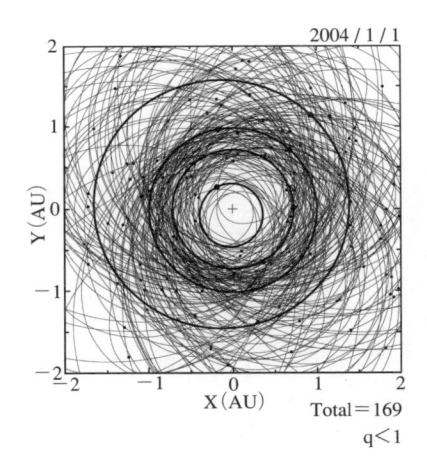

図6・9　地球の軌道と交差しうる小惑星のうち205個の軌道と2005年1月1日現在での位置．太い線は惑星の軌道で，内側から水星，金星，地球，火星を示す．ここで示した205個の小惑星は，2004年末の時点で確定番号が付いている小惑星のうち，地球軌道の内側まで入り込むものである．

NEOがすでに発見されているわけだし，まだ発見されていないものも非常に多くあると予想されるので，地球は入り組んだ小惑星の軌道の中を運動しているということになる．衝突が起こらない方が不思議に思えてくるかもしれないが，やはり宇宙は人間のスケールと比較すると非常に大きいのである．宇宙的な時間の流れでは天体衝突は頻繁に起こっているが，人間の時間尺度では衝突（特に大きな衝突）は非常に稀である．

6.5 動き出したスペースガード

さて，「衝突は稀」だとしてもこのような危険が存在することを知ってしまった以上は，無視することはできない．そこで，まずは観測をして危ない天体を探すということが始まったのである．このように地球に接近・衝突する天体について観測したり研究したりする活動を「スペースガード」と呼ぶ．いまでは，国際スペースガード財団や国際天文学連合のワーキンググループなどもあり，世界的に広がりを見せている．日本でも，岡山県美星町に美星スペースガードセンター（(財)日本宇宙フォーラム所有）が建設され（図6・10），宇宙航空研究開発機構からの依託でNPO法人日本スペースガード協会がスペースデブリと小惑星の観測を行なっている．

図6・10　岡山県美星町に建設された美星スペースガードセンター．左側のドームには口径1 mの望遠鏡が，また右側の四角い部屋の中には口径が50 cmと25 cmの望遠鏡がある．

スペースガードの観測を行なうためには，毎晩，継続して観測を行なうことが重要である．そのためには占有して使える望遠鏡が必要となるわけだが，ス

6.5 動き出したスペースガード

ペースガードでは主に口径が 1 〜 2 m 程度のものが使われている．これよりも大きな望遠鏡は占有して使うのが難しいからである．美星スペースガードセンターでも，口径が 1 m，50 cm，25 cm の望遠鏡を使って，晴れれば毎晩観測が行なわれている．美星スペースガードセンターの観測の 1 つの成果としては，2000 年 10 月に NEO としてはかなり大きい小惑星（20826）2000 UV13 を発見したことが挙げられる．この小惑星は，推定される直径が 5 〜 12 km というものであり，6500 万年前に恐竜をはじめとして多くの生物種を滅ぼす原因となったとされる小惑星と同程度の大きさである．このサイズの NEO は，ほぼ発見し尽くされていたと思われていたが，まだ観測の網をくぐって見つかっていないものがあるのである．

このような比較的小口径の望遠鏡を使っての観測では，天体が地球にかなり接近しないかぎり，直径が 1 km ないし 500 m 程度以上の小惑星しか観測できない．したがって，当面のスペースガードの目標は，直径が 500 m 程度以上の小惑星で地球に接近するものをすべて発見する，ということになっている．

つまり，現状ではツングースカ大爆発をもたらしたような 100 m 程度の天体については，地球に接近したときに偶然発見される以外には，なかなか発見されないことになる．このような小さな天体についても発見すべきということになると，より口径の大きな望遠鏡を占有して使ったり，月や宇宙（大気圏外）からの観測など大がかりな観測を考えたりする必要がある．そうすべきなのかどうかは，今後の人類の考え方次第である．そして，今後のスペースガードを考えるときに，約 100 年前のツングースカ大爆発が，重要な参考資料となっているのである．

●COLUMN4●

おおかみが来た？!

　小惑星が何年か後に地球に衝突するという話が，最近，ときどき報道されている．そして，報道されるとすぐに否定される，ということが続いているのである．いままでのこのような「天体の地球衝突騒動」をまとめてみたものが表6・2である．この10年余りの間に，少なくても9回ほどそのような話があった．どうしてこのような「おおかみ少年」的な話が続いているのであろうか．それは，一口に言えば，軌道決定誤差というものが理解されていないことによる．このことについて，2004年の年末のケースを例にして説明してみよう．

　2004年12月23日，ジェット推進研究所（JPL）が，「大きさが400mほどの小惑星2004 MN4が2029年4月13日に地球に衝突する確率が300分の1と計算された」と発表した．この小惑星は，2004年6月19日に発見され，2晩観測された．そして2004年12月18日に再発見されたものである．これらの観測データから軌道決定を行ってみると，地球に衝突する可能性があるということなのである．次の日には，観測データが加わったことによって，地球に衝突する確率が1.6％に上がっていた．

表6・2　天体が衝突すると騒がれた例のまとめ

ニュースが流れた年	衝突すると言われた年	天体名	大きさ（直径）	備考
1992年9月	2000年	トータチス	約2.7 km	フランスの雑誌に掲載すぐに否定
1992年10月	2126年	スイフト・タットル彗星	約15.6 km	AUC5636 すぐに否定
1998年	2028年	1997 XF11	約1.5 km	すぐに否定
1999年	2034年，2039年	1999 AN10	約1 km	すぐに否定
1999年	2046年	1998 OX4	約250 m	すぐに否定
2000年	2030年	2000 SG344	約40 m	衝突確率が1/500．その後0に
2002年	2019年	2002 NT7	約2 km	すぐに否定
2003年	2014年	2003 QQ47	約1.5 km	すぐに否定
2004年	2029年	2004 MN4	約400 m	すぐに否定

しかし，さらに3日後の12月27日の発表では，この衝突の可能性は完全に否定された．キットピーク天文台で2004年3月15日に撮影された写真にこの小惑星がかすかに写っていることが確認されたために，軌道決定の精度が大きく向上して，地球と衝突しないことがはっきりしたのである．

　最初の発表では，まだ観測が3晩程度しかなく，小惑星の軌道決定の誤差がかなり大きい状態だった．この最初の計算では，この小惑星が2029年4月13日に到達する位置の誤差範囲が地球－月の距離の10倍もあり，その誤差範囲内に地球を含んでいたのである．ところが，以前の観測が見つかったことによって軌道がより正確に決められ，誤差範囲が地球－月の距離の5分の1程度まで小さくなり，地球の位置からは完全にずれたのである．

　このように，観測データが集まってくれば軌道をより正確に求めることができ，地球に衝突するかどうかも，よりはっきりとわかることになる．表6・2のほとんどの例では，これと同じことが起こっているのである．つまり，数日ないし1週間程度，報道するのを待ってもらえば，このような衝突騒ぎは起こらなかったのである．

　では，そもそも最初に小惑星の衝突確率を公表すること自体が好ましくないのだろうか．否，JPLが最初に発表をした理由は，この小惑星について特に注目して観測をしたり過去のデータを探したりすることを，小惑星の観測者や研究者に伝えるためだったのである．つまり，一般向けの情報とは目的が別なのである．マスコミの方でこの点を認識して対応してもらえるとよいのである．そうしないと，天文学者が，毎回，嘘を発表しているような印象をもたれてしまう．

　天文学者は世の中を騒がせたり，注目を浴びようとしてデタラメに小惑星衝突の可能性を言っているわけではない．観測と理論に基づいてその結果を発表しているだけなのである．ただし，そこには「軌道決定誤差」という少しわかりにくい概念があるために，誤解を生じているのである．「おおかみ少年」のような話が続いてしまうと，本当におおかみが来たときに大変なことになってしまう．

　ところで，この小惑星2004 MN4であるが，2005年2月初めまでの観測によると，2029年4月13日には地表から3万kmくらいのところを通過する可能性が高いということである．このときには3等星くらいの明るさで，1時間に42°も天球上を動くということだ．まさに，ヒヤリというところである．

CHAPTER 7

火星人からSETIへ

人類は小さな球の上で
眠り起きそして働き
ときどき火星に仲間を欲しがったりする[1]

7.1 突然の恐怖

「……ダンス音楽番組の途中ですが，ここでインターコンチネンタル・ラジオ・ニュースからの臨時速報をお伝えします……」．1938年10月30日，このハロウィンの夜の放送が大パニックを引き起こした．アメリカのCBSラジオが流したH.G. ウェルズ原作のSF小説『宇宙戦争（The War of the Worlds）』．これをまだ当時20歳そこそこの若手俳優O. ウェルズが演出し，彼自身がこのラジオドラマの中で記者に扮して火星人来襲の模様の実況中継を行なったのである．当時の有効なメディアであるラジオと，世界的な社会不安がその下地にあったとも言われる．もちろんドラマである旨のアナウンスも放送中何度もされたそうだが，少なくとも100万人のアメリカ人がこのパニックに数時間巻き込まれたという（図7・1）．

図7・1 1938年10月31日のニューヨークタイムズ紙．

昔の人は科学には現代人よりも無知であったかもしれないが，一方では健康的なおおらかさをもっていたと言えよう．ピタゴラス，デモクリトス，エピクロスなどの紀元前のギリシャの哲人たちも地球以外の世界があることを信じていたようだし，かのガリレオも月人を夢想したそうだ．しかし，この恐ろしい火星人というのは，それまでの当時の先進国の後進国に対する植民政策の裏返しなのだろうか．

7.2 ローウェルの運河

火星といえば，ほとんどの人は火星人を思い浮かべるだろう．外交官として日本の滞在が終わったローウェルが，この東洋の小国の次に興味の対象としてターゲットを定めたのがこの火星だった（図7・2）．はじまりは1877年の火星大接近時のイタリアのスキアパレリによる火星表面の詳細な観察スケッチ（図7・3）からであった．そのスケッチに描かれた溝"canali"は人工の水路"canal"の意味としてフランスの天文学者フラマリオンによって（意図的に？）訳され，広まっていった．資産家でもあったローウェルは，たちまちこの熱に浮かされ，アリゾナに私立の天文台まで創設してしまった．口径61 cmの屈折

図7・2　パーシバル・ローウェル（1855-1916）．

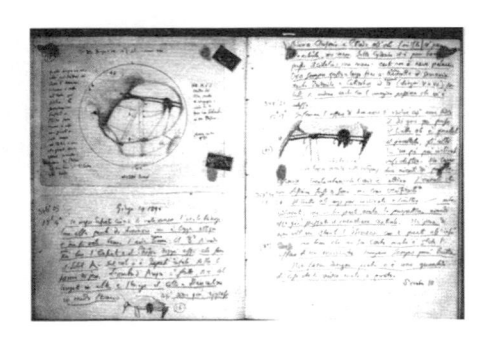

図7・3　スキアパレリによる火星のスケッチ．

7.2 ローウェルの運河

望遠鏡での観測に励んだローウェルは，1895年に著書『火星』(図7・4) を著した．その後，ウィルソン山の1.5 m鏡をしてもこの水路，すなわち運河の痕跡すら確認できないことをヘールが報告したことや，芸術的とも評される，きわめて正確なアントニアジのスケッチなどから，天文学者の間では「幻覚」として退けられた．が，ローウェルが展開したこの運河のネットワークを作ったのは知能の高い「火星人」だ，という説は世間の人には強烈であったろう (ちなみにスエズ運河は1869年，パナマ運河は1914年完成)．

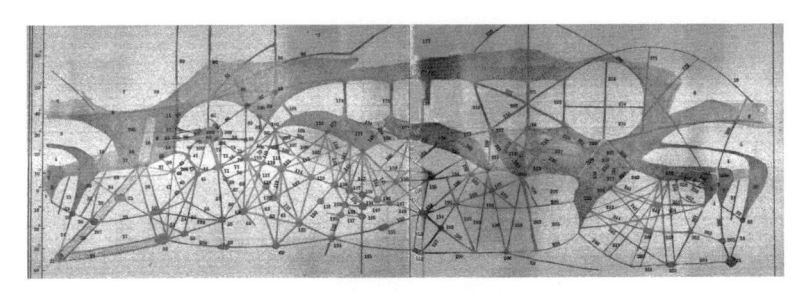

図7・4 ローウェルの「火星」に描かれた火星の地図.

誰の心の中にもある未知への「恐怖」と「あこがれ」．この一見矛盾するように見えるが，人間の本性としか言いようのない感情．これは科学の発展への原動力ともなるが，へたをすると逆に科学を変な方向へねじ曲げるような危険な側面をもっていると言えよう．いまでいう空飛ぶ円盤などに代表される「超科学」「疑似科学」の類がそれで，その代表的なものが火星人だろう．この単なる「あこがれ」が反転した時期，それが火星人騒ぎが引き起こされた20世紀前半であった．

科学が進歩したことにより，具体的な宇宙人像が形成されてきたことに一因があるのかもしれない．当時，太陽系の形成についての考察を進めていく過程で，惑星の形成はもともとドロドロにとけた塊が冷えてできたと考えられていた．そうすると地球よりも小さな火星は，地球より早く冷えたはずで，その火星においては生命の発生や進化も当然早いと思うのは自然な考えであった．そうすると火星人は知能が進んでいるはずで，頭は大きいだろう．火星は空気が少ないようなので肺は大きく，しかも重力も小さいので，骨はしっかりしてい

なくて……という連想からあの「タコ」型の火星人の姿ができ上がった．その夜空に目立つ赤い輝きから血が連想された火星と結びついた火星人は，グロテスクさがより強調されたのであろうか．火星人騒ぎが下火になったその後も，火星に植物が存在するという可能性については，火星のスペクトル観測データからも真剣に，かつ科学的に議論された．ついにはカザフ共和国プルコボ天文台のチーホフは天体植物学を提唱するまでに及んだ．

7.3 火星とは

バビロニアでは死と病の神，エジプトやローマでは軍神，中国では人心を迷わせる星．スキアパレリが「運河」を認めた1877年には日本では西南戦争が起こり，自害した西郷隆盛にちなんで「西郷星」とも呼ばれた．古来，人類の血を騒がせ続けてきた星，火星（図7・5）とはどのような星だろうか．地球と比べながら，その違いや類似点を見ていくことにしよう．太陽からの平均距離は2.28億kmで地球よりも約1.5倍太陽から離れている．太陽から遠いため火星の平均気温も低く－55℃で，1年の長さは地球の約2倍の687日である．地球に近いために天球上の動きも大きく，古代から人々の注目を集めてきた．

図7・5 HSTによって撮影された2003年最接近時の火星．

3600年前のバビロニアの人々は夜空にループを描く火星の奇妙な動きと明るさの変化を記録している．軌道の離心率は0.0934と，地球の0.0167に比べるとかなりの長円である．これは太陽からの距離が20％も変化することを意味する．このように離心率が大きいことは，ケプラーが有名な3法則（特に第1と第2）を発見するうえでも有利だった．その半径は3397kmと地球の約半分の小さな

7.3　火星とは

惑星で，表面重力は地球の0.38倍である．自転軸の傾き（25.2°）や1日の長さ（24時間37分）は偶然にも地球と非常によく似ている．しかし大気量は平均で6.1 hPaと非常に薄く，その組成も二酸化炭素がほとんど（95.3％）を占める．この二酸化炭素が凍りついたり，蒸発したりすることによって大気圧も25％程度変動する．また惑星規模の磁場はないか，あっても地球の数千分の1以下で，非常に弱いと考えられている．

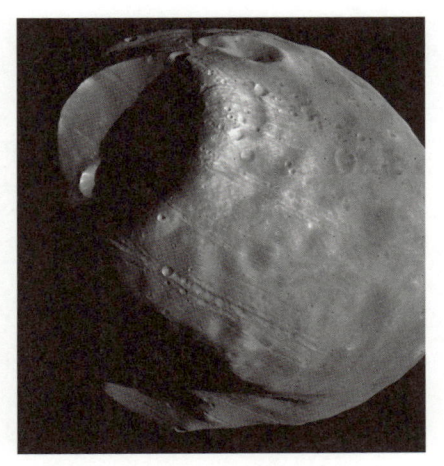

図7・6　バイキング探査機によるフォボス（NASA/JPL/NSSDC）．

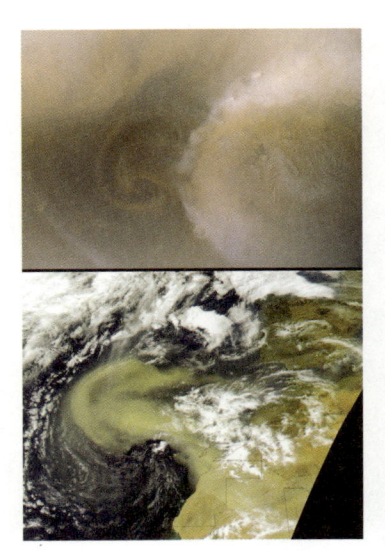

図7・7　火星と地球の砂嵐．上は火星の北極での砂嵐（MGS），下はアフリカのサハラ砂漠から大西洋へ吹く砂の流れ（NASA/JPL/MSSS）．

火星の地形は変化に富んでおり，まさしく観光にぴったりの刺激的で素晴らしい景観が広がっている．まずは太陽系で最大の楯状火山であるオリンポス山は周囲から24 kmもの高さにそびえ立ち，頂上にはカルデラがある．アルシア，パボニア，アスクレアスからなるタルシス三山も見事だ．小さな望遠鏡でも確認できる北極や南極の極冠も目立つ特徴だ．また火星半径に相当する長さで，2〜7 kmの深さを誇るマリネリス峡谷系，さしわたし4000 kmで標高10 kmのタルシス台地などの地形，ヘラス平原のような巨大隕石の衝突で生じたと思われる大きなクレーターなどが広がっている．空ではフォボス（図7・6）とダイモスという10 km程度のちっちゃな月（いずれもギリシ

ャ語で「恐れ」と「パニック」の意)がめぐっている．

　火星の表面は，寒くて乾燥していて大気も薄いが，強風が吹き荒れている．南半球の夏には数ヶ月も砂嵐で表面が覆われて，表面がまったく見えなくなってしまうことがある（図7・7）．塵が円筒状に巻き上げられる竜巻のような現象，ダストデビルも起こっているようだ．

7.4　火星に着陸

　ローウェルの時代から以後，1965年にアメリカのマリナー4号が火星のそばをかすめることに成功するまで大きな進歩はなかったと言ってよいだろう．実はその3年前にソ連もマルス1号が火星に到達できていたが，残念ながら通信のトラブルで撮影には成功しなかった．というわけでマリナー4号は人類史上初めて高度9800 km上空から火星表面の写真を撮るという栄誉を勝ち得ることができたのである．しかし，画質の悪い写真にはやはり運河は見えず，ただクレーターが写っているばかりであった（図7・8）．このときは地球よりもむしろ月に似て，多くのクレーターがある南部地域を写したため，生命の希望を思い描いていた人たちは大変失望した．その薄い大気や地表温度測定（$-103 \sim -93$℃）の結果，人類の待ち望んでいた生命の可能性は完全に絶たれたかに見えた．

図7・8　マリナー4号からの火星の写真（NASA SP-4212）．

その後に送られたマリナー9号の画像から表面には多様な地形が見られ，その中には年代の若い地域なども多く見られることがわかってきた．南部高地は衝突クレーターが多く，逆に北部平原には若い地形が広がっていたのだ（図7・9）．火星面の明暗模様はスキアパレリたちが考えたように，地形を示しているものではなかったのである．

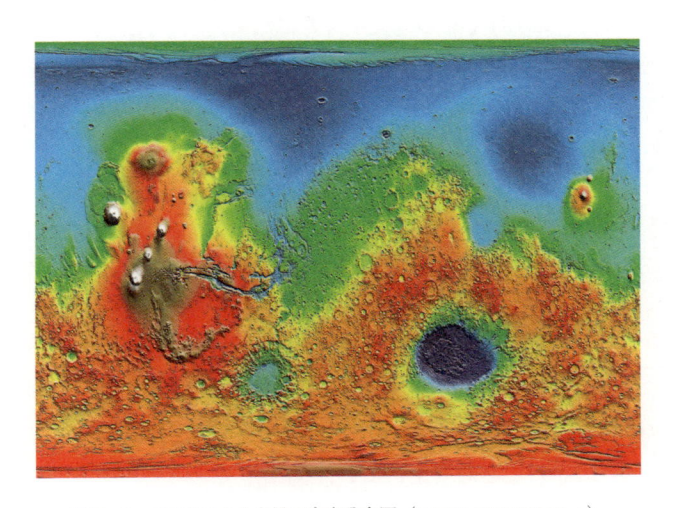

図7・9　MGSによる火星の高度分布図（NASA/MGS/MOLA）．

アメリカ合衆国建国200年を記念して1975年8月，9月に相次いで打ち上げられ，火星に送られたのはバイキング探査機1，2号機だ．両機とも翌年夏に無人の着陸船がクリセ平原とユートピア平原に無事軟着陸を成し遂げ，火星の砂や土を詳しく分析した．火星の表面の7割以上は「血の色」赤褐色の地域で占められている．この赤褐色は鉄に富む粘土鉱物，水酸化鉄，磁赤鉄鉱などの複雑な混合物で，一種の鉄の酸化物，すなわち鉄サビの色であることをつきとめた．これが，火星が赤く輝く理由だったのだ．

7.5　宇宙人探査と通信

火星の運河説は完全に葬り去られてしまったが，その反動として宇宙人などというものは荒唐無稽なもので，科学に値しないものであるという考えが支配

するようになってきた頃，1編の科学論文がその流れを再び本流にもどした．

1959年，アメリカの物理学者であるココーニとモリソンが地上の技術で宇宙文明間通信が可能であるという方法論も含めた具体的な提案を行なったのである[2]．すでに中性水素原子の陽子と電子のスピンの逆転によって発する波長21 cmの電波が銀河面内の星間雲から検出され，銀河の渦巻き模様が描かれていた頃であった．この21 cmの電波を目安にして通信を行なうのがもっともらしいというのが彼らの主張であった．彼らの論文の最後は実に挑発的な文章で終わっている．"The probability of success is difficult to estimate; but if we never search the chance of success is zero." そう，やってみなけりゃわからない．

星間通信というアイデアはそれまでになかったものではない．19世紀には宇宙人に自分たちがいることを知らせる方法としてシベリアの麦畑に巨大なピタゴラスの定理の図を描くことや，砂漠で炎を燃やしたり，鏡を設置したりして幾何図形や北斗七星の形を模すことも科学者から提案された．1891年にはフランスのお金持ちの未亡人が，フランス科学アカデミーに10万フランをETとの交信に成功した者に提供することを申し出た．いわく，「どの国の人間であっても10年以内に他の星と通信を行ない，返事を得ることができたら，この賞金を差し上げる．ただし，火星は簡単すぎるので除外する」とか．また，大西洋を隔てた無線通信に成功したマルコーニは，1919年に地球以外からのものと思われる信号をとらえたと発表し，磁束密度の単位に名を残すテスラはこれを火星からのものと信じたという．1922年と1924には火星大接近時には火星からの信号受信を待ち受けたそうだ．

でも1959年，科学者たちの間ではすでに火星人探しは不真面目そうな雰囲気．ではその次に宇宙人の可能性がありそうなのは？ココーニとモリソンの提唱と同時期にはドレークたちが，実際に21 cmの波長に1チャンネルの受信機を使って，オズマ計画と呼ばれる観測を実際に進めていた．彼らがアメリカ国立電波天文台の26 m電波望遠鏡（図7・10）を用いて探査を行なった星は太陽系を遥かに離れた，しかし夜空に輝く他の星たちに比べると我々から11〜12光年という近距離にある星であった．太陽とよく似たG型の単独の3等星「くじら座 τ 星」と「エリダヌス座 ε 星」である．太陽に似た星の周囲に惑星があるのな

ら，そこに宇宙人がいるかもしれないと考えたからだ．彼らの試みはETからの信号を受け取ることはできず，「失敗」に終わったが，他の天文学者たちに大きな刺激を与えたことは確かである．SETI（Serach for ET Intelligence）の幕開けである．

このオズマ計画を皮切りに，その後多くの探査が細々とではあるが，実行に移された．オズマ計画のような目標の天体を絞った観測とは別に，当時のソ連では全天をくまなくなめるように行なう探査も精力的に行なわれた．1971年にはサイクロップス計画（NASA）が提出された．予算の裏付けのない，思考実験的要素の大きい計画であったが100 mの電波望遠鏡1000台という途方もないものである．

図7・10 アメリカ国立電波天文台26 m電波望遠鏡とオズマ計画のメンバーたち（SETI研究所）．

7.6 SETIの時代

1985年，アメリカ惑星学会のMETA（Megachannel ET Assay）プロジェクトでは，ハーバードの26 mの望遠鏡に840万チャンネルという高分解能（周波数分解能 0.05 Hz）の解析装置を積んで天空の子午線を通過する北半球の天域を観測し続けた[3]．またカリフォルニア大学の通常の天体観測に寄生した形のプロジェクトSERENDIP[4]や，強くはっきりとした信号（そのときの興奮から"Wow！"信号と呼ばれるが，一度きりであった）を検出したオハイオ州立大の「巨大な耳」望遠鏡[5]による探査なども有名である．1982年には国際天文連合総会で第51委員会 Bioastronomy が設置されて，全世界の天文学者にも「認知」を果たした．そして1992年 NASAの HRMS（高分解能マイクロ波探査）に10億円を10年間拠出する（NASAの年間予算のわずか0.1％足らず！）という議案がアメリカ議会を通過したときにその頂点を迎え

たのである．SETIの前途は洋々としているかに見えたが，残念ながら翌年に予算はカットされてしまった．しかし，その後関係者の努力で目標を定めた探査のみに絞った「フェニックス計画」として見事に復活を果たした．これは非営利団体であるSETI研究所[6]が中心になって80光年以内800個の星を目標として，オーストラリアのパークスにある電波望遠鏡，アメリカ国立電波天文台，および世界最大のサイズを誇るアレシボ電波望遠鏡を用いた探査である．

この「フェニックス計画」とは別に1996年からは膨大な観測データの解析方法として，ユニークなプロジェクトが提案された．SETI@home[7]（図7・11）である．最近の爆発的なインターネット環境の進歩を利用して，多くの一般の人たちのパーソナルコンピュータを拝借して作業を分散化する試みである．この「参加」できるSETIの試みに226ヶ国530万人（2005年1月現在）が喜々として登録していることは驚くべきことだ．

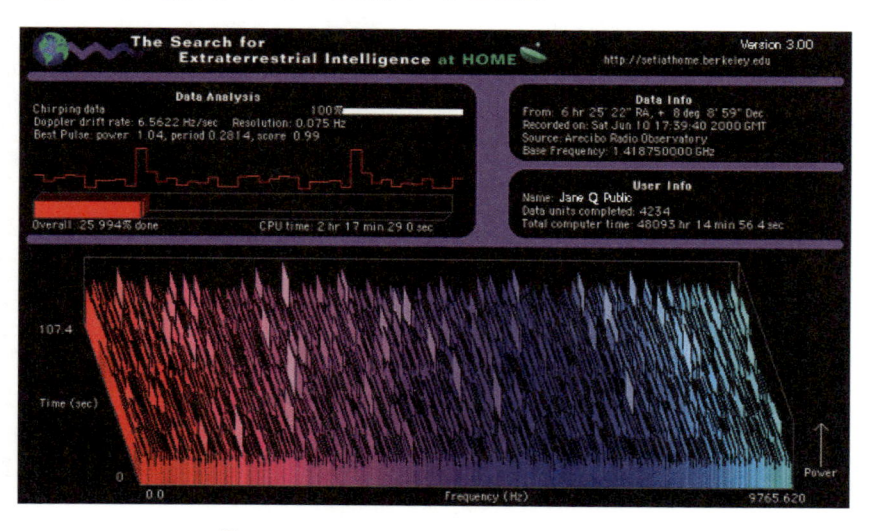

図7・11　SETI@homeのスクリーンセイバー画面．

それまでのSETIは既存の電波望遠鏡に依存してきた．学術的に重要な観測テーマを中心に活躍している巨大な望遠鏡を使う必要があるために，SETI目的にはたとえ観測時間が与えられたとしてもちょっぴりで，SETIが遅々として進まない大きな原因の1つであった．そんなときマイクロソフトの設立者の

一人であるアレンが，SETIのために1000万ドル以上した寄付は喝采を浴びて受け入れられた．この寄付によってSETI専用の望遠鏡（アレン・テレスコープ・アレイ）が現在計画されている（図7・12）．これは直径6 m程度の衛星放送受信用のアンテナを350個使う（総面積は1ヘクタール）ことによって1～10 GHzの周波数帯を効率的に探査をできるものである．このような民生用アンテナは一般の市場が巨大であるがために，天文学専用のアンテナに比べて非常に安く製作できる．電波天文学における最先端科学と同時にSETIの観測が可能なのも魅力的で，完成の2005年からSETIの地平はそれまでと比べて100倍以上の速度で広がることが期待されている．さらにレーザー光の検出を目指す「光SETI」も新しい潮流として将来が有望視されている[8]．いまのところSETIによる宇宙人からの確実な信号は受信されていないが，これらの人類の同胞を探す試みは今後も続けられていくだろう．

図7・12　アレン・テレスコープ・アレイの試作機の1台．

7.7　再び火星へ

ではかつて騒がれた火星は取り残されてしまったのだろうか？とんでもない．さすがに火星人を信じる人はもういないだろうが，地球外生命という点では希望は膨らむばかりだ．現在も生命が存在しているかということについては，まだまだ疑問が多いことは確かであるが，ワクワクさせるような結果も報告されている．

火星の低圧化の環境では水は瞬く間に沸騰してしまうが，大気中に含まれる水分は非常にわずかである．大気中の水蒸気量を水に換算すると0.01 mm程度にすぎない．しかし，水や二酸化炭素による雲や霧も発生する．一方両極に

はドライアイス以外に氷の状態で大気中の1000倍以上の大量の水が存在していることがわかった.

軌道上からは火星は非常に乾いているように見えるし,大気中にはほとんど水はなく,表面もほんの少ししか水や氷の証拠はない.しかし,火星には大量の粘性の低い液体との関連が強く暗示されるような地形が多くある.地下水を含む層が流れ出たか,火山活動で地上の氷が溶けたかの理由で液体が短期間に吹き出し,勢いよく流れ出した跡のようにも見える洪水地形(図7・13;アウトフロー・チャンネル)がそうだ.また南部高地には地下水のゆっくりとした流れのような水の動きでよく説明できるような地形(図7・14)が広く分布している.太古の火星には存在した水は,宇宙空間に永遠に失われたか,それとも氷や地下水として地中にまだ存在している可能性が検討された.

図7・13　300 kmの長さの支流のない巨大洪水地形ラビ谷.右から左に向けて勢いよく流れ出した跡のようにも見える(バイキング画像)(NASA).

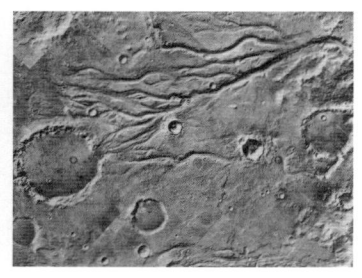

図7・14　風や溶岩流では説明できないネットワーク流水地形(バイキング画像)(NASA).

このような写真から昔は水が存在できるほど温暖であった時期があったと考えられるが,その原因の1つには,過去に大量に存在した可能性のある二酸化炭素の温室効果ではないかといわれている.

火星には生命は果たして存在するのか?なんといっても最大の関心はこれに尽きるだろう.軟着陸後のこの実験がバイキング探査機の大きな使命だった.しかし,3種類の装置(炭酸同化実験,ラベル放出実験,ガス交換実験)による実験はすべて生命の存在を否定するものであった.さらに,ガスクロマトグラフ・質量分光器(GCMS)による分析からは,砂の中には有機物さえ存在しない(< 50 ppb)ことが明らかになったのだ.この事実はやはり火星には生命

の存在を否定したことになるのだろうか．

7.8 バイキングの後を継ぐもの

　バイキングの後も20年近く，米ソの火星への挑戦はことごとく失敗している．しかし，南極で発見されALH84001と番号がふられて整理されていた隕石が1996年にデビューを果たした．この隕石は1600万年前に火星から飛び出し，13000年前に地球に降ってきたという履歴があることがわかったのだ．しかも，生物の遺骸が分解されてできる多環炭化水素（PAH）や地球のある種の細菌の作り出す磁鉄鉱を含んでおり，大腸菌の1/20のサイズのイモムシのような化石状（？）のもの（図7・15）が見つかったのである．米ソ冷戦終了後，火星探査に人々の目を集めたいNASAが大々的に記者会見を行なったこともあって，賛否両論の大激論が世界中に巻き起こった．しかし，その後否定的な方向に進んだ．やはりこれだけでは「証拠」不十分で結局直接火星へ行かねば，というのが最終的に出た結論のようだ．

　その翌年には早い安いをモットーにしたマーズ・パス・ファインダーがエアバッグを使った奇抜な方法で火星表面に無事着陸した．6輪の乳母車のような走行探査車（ローバー），ソジャーナ（図7・16）が付近の岩石などの探査に活躍した．この調査では40億年ほど前に地中海規模の大洪水が起きていた可能性が示された．

　1998年からマーズ・グローバル・サーベイヤー（MGS）は火星の南北両極

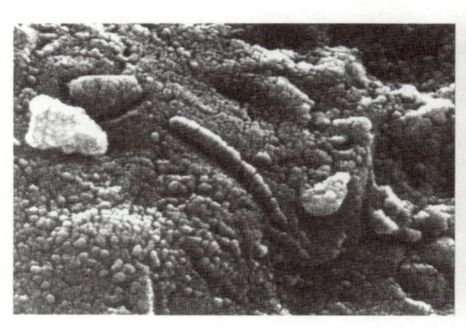

図7・15　20〜100 nm程度のバクテリア状「火星人」の化石？（NASA）．　　図7・16　ロボット探査車ソジャーナとヨギ岩（NASA/JPL）．

を回る400 km上空の軌道上から高解像度の画像を撮影し，2000年までに詳細な火星地図を作成するミッションを完了している．一様に堆積したような地形（図7・17）は地球では湖や浅い海のように，水が長期間たまっていたと思われるところによく見られる．また人面岩のようなおもしろい地形も話題となった．

しかし，火星への旅はやはり生やさしいものではなかった．結局現在まで多くの探査機が地球を旅立ったが，無事火星に到着してデータを送信してきたのは，やっと半数を超える程度である．1999年のマーズ・クライメート・オービターは長さの単位であるヤード・ポンドとメートルを間違って指令を与えた結果，火星に近づきすぎて失敗，また南極を目指したマーズ・ポーラーランダーもどうやら火星表面に激突したようである．しかし，火星の組成調査と凍結した氷の探査の使命をおびたマーズ・オデッセイは，2001年からマッピング観測を無事開始している．オデッセイは軌道上からガンマ線分光器で土中に含まれる水素などの量を調べることから，地中の水分量の推定も行なっている．1m程度までの深さでは質量にして20〜50％の氷が含まれていることから，体積では50％近くが氷ではないかと推測されている．またMGSの撮影した膨

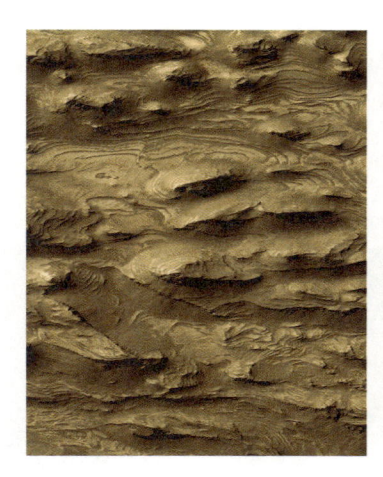

図7・17 マリネリス峡谷の一部にみられる堆積構造（1.5 km × 2.9 km）．各層の厚みは10 m程度で規則的に繰り返されている．（NASA/JPL/MSSS）．

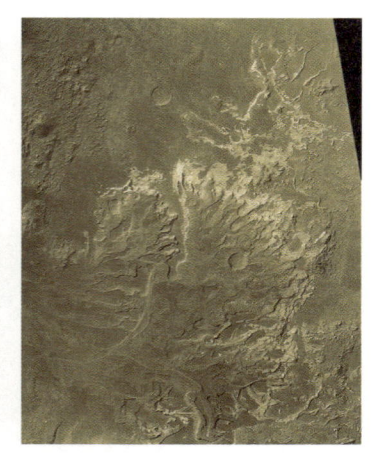

図7・18 MGSによって撮影された扇状の地形（14 km × 19.3 km）．洪水などではなく，長期間水が存在したと思われる．（NASA/JPL/MSSS）．

大な詳細画像からも，地質学的な見地からして過去に水の存在した証拠が次々と発表されている（図7・18）．しかしMGSが，水の期待を打ち消すような鉱物を渓谷の底に相当量発見したことにもふれておく必要があるだろう．カンラン石の存在である．水によって急速に分解されるカンラン石が発見されたということは，この場所に大量の水があったこととは矛盾する．なかなか一筋縄ではいかないところがもどかしい．『現在科学的知識と呼ばれているものは，実は様々な度合の確かさをもった概念の集大成なのです．中には大変不確かなものもあり，ほとんど確かなものもあるが，絶対に確かなものは1つもありません』[9] それが科学の醍醐味でもあるのだ．

7.9　次は生命！

2003年夏は6万年ぶりという地球に超大接近した火星への探査機ラッシュだったことを覚えている方も多いことだろう．ヨーロッパはマーズ・エキスプレス，アメリカはマーズ・エキスプローレーション・ローバー2機（愛称はスピリットとオポチュニティ）を矢継ぎ早に送り出した．残念ながらマーズ・エキスプレス搭載のローバーであるビーグル2は行方不明になったが，2004年3月オポチュニティは火星に液体の水が存在した証拠をつかんだ．層構造をなす堆積岩らしき岩を分光計で分析することにより，熱水環境で形成される硫酸塩鉱物が発見されたのだ（図7・19, 図7・20）．露頭の詳細な観察も総合して，かつて火星表面に大量の水が一定期間存在した強力な証拠が現れたのである．たとえ微生物の可能性であったとしても，火星生命への期待はつながっていたのだ．

1947年にすでにMars Project（10隻の宇宙船と70人の乗組員で火星へ到達し，520日間で帰還する計画）を提案していたロケット技術者フォン・ブラウン．幼い頃にバローズの『火星のプリンセス』に夢ときめかせ，後に地球外生命探査のプロモーターとしても大活躍した惑星学者セーガン．いずれも火星に好奇心の原点があることを告白している．現代の宇宙開発も天文学も人類の火星への憧れが牽引力になってきたといってもよいのかもしれない．スペースシャトルの事故に代表されるようなシステム上の問題や政治経済的なよりやっかいな問題も山積しているが，人類を揺るがした火星騒動が落着する日はそう

遠くないだろう．

いまや，太陽系以外の惑星も続々と発見されている．火星人のいない火星に欲求不満を募らせつつある孤独な人類は，太陽系の外における生命体の存在に熱い視線を送り始めている．

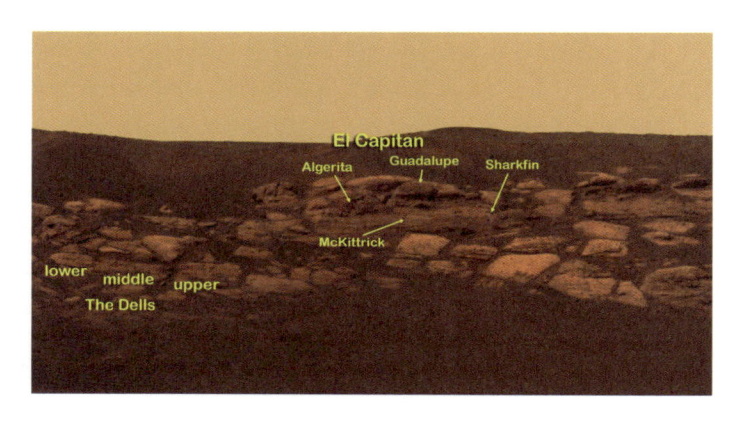

図7・19 オポチュニティが硫酸塩鉱物を発見した岩だな　エルキャピタン区域（NASA/JPL/Cornell）．

図7・20 岩だなの探査を終えたオポチュニティが着陸地点を振り返る（NASA/JPL/Cornell）．

CHAPTER 8
人類，月に立つ

8.1　月に向けられた人類のまなざし

　人が月に目を向けたのはいつからだろうか．

　不吉な予感があった星と比べて月は人類史の早い時期から，暗闇を照らす女王として夜に君臨していた．いろいろな民族の神話では，月は太陽とともに偉大な天体として認められている．月は美しい丸い形とそこに見える模様から神話の題材を提供してきた．また，その満ち欠けの周期性から暦の元ともなっている．また，日食・月食や月が星々を隠す星食などの月に関わる天文現象は，国事の吉凶を占うことにも使われたようだ．月に行きたいという夢は古代からあった．2世紀のギリシャ人，ルキアノスは，「本当の歴史」という月旅行の物語を書いている．我が国の古典の「竹取物語」にもあるように，月から人が来ること，月へ行くことは，古くからの人類の夢であったと思う．

　月は遠い．38万kmものかなたにある．月までの距離はその視差からわかる．紀元前265年，アリスタルコスは，太陽と月の離角から初めて月までの距離を見積もった．紀元前2世紀頃，視差からヒッパルコスは地球半径の76（遠地点）〜67倍（近地点）と見積もっている．これは当時としては正確に求まったと言ってよいだろう．近代科学による月までの距離測定は，1750年から54年にかけて行なわれたフランス人，ド・ラカイユの南アメリカ喜望峰遠征まで，またなくてはならない．

8.2　ガリレオの観測

　その神秘な月の素顔が最初に覗かれたのは，1609年11月30日のことである．

　その日の晩に，ガリレオ・ガリレイが自作の遠めがね（望遠鏡）を利用して月を眺めたのであった．彼は次の年に『星界の報告』を著し，そのときの観察

CHAPTER8 人類,月に立つ

図8・1 ガリレオの望遠鏡.

図8・2 1610-1615年(?)のガリレオ (Tintoretto(?)画).

の様子を詳しく報告している.その書に彼は次のように書いている.「……くりかえし調べた結果,次の確信に達した.月の表面は,多くの哲学者たちが月や他の天体について主張しているような,滑らかで一様な球体なのではない.逆に,起伏にとんでいて粗く,いたるところにくぼみや隆起がある.山脈や深い谷によって刻まれた地面となんの変わりもない.」[1] ガリレオは自作の望遠鏡を月に向け,月の表面に認めた暗い模様を「水面」に見立て,明るい部分を「地面」になぞらえたのであった[*1].そして月の夜と昼の境界にたくさんの穴ぼこ

[*1] ガリレオは『星界の報告』の中で月に水があるかどうかは言及していない.後に月には水はないとしている.

（クレーター）を見つけた．現在，私たちは月と地球はかなり違うと考えている．しかし，ガリレオは，月の地形を観察して，「月は地球と同じように谷や山脈がある」と言ったのだった．つまり，月と地球は同じ世界の天体であると考えたのだ．それはパラダイムの変更であった．ガリレオの観測以前，2000年以上にもわたって，月は天上界のもので，天体は地上界のものとは違うと考えられてきたからである．ガリレオは天上界も地上界も同じ有様であると言ってのけたのであった．『星界の報告』の初版500冊はすぐに売り切れ，書中にあるガリレオの木星の衛星の発見，プレアデス星団の観察と併せて，当時の識者たちはコロンブスやマゼランの航海よりも偉大な発見であると評したのだった[3]．

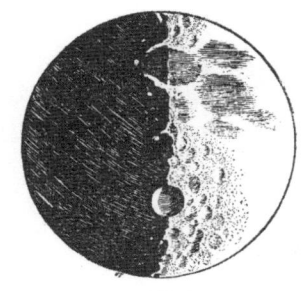

図8・3　星界の報告に書かれた月のスケッチ[2]
（『星界の報告』岩波書店より）

8.3　ケプラーの夢

この時代の月に関わるもう一人の人物，ヨハネス・ケプラーを忘れてはいけない．ケプラーは理想主義者であった．彼の理想主義のおかげで惑星の運動に関する三法則が発見されたのだ．その法則は人工衛星の運動にも当てはまるし，月に探査機を送り込む軌道計算にも当てはまる．しかし，それだけがケプラーと月を結びつけるのではない．

彼は月旅行を題材にした科学小説を書いていたのだ．その本は，人が月に向かい，

図8・4　1620年頃のケプラー．

そこから地球を眺めると，どのように見えるかというものであった．その本の題名は『夢もしくは月の天文学（Somnium seu Astronomia Lunari）』と言い，最初の手稿は1609年に書かれている．理論家らしく，正確に月から見た地球の様子・宇宙旅行の困難さ・ガリレオが見た月の様子を細かく書いている．当時は月への旅行など，ケプラー自身も当然，無理なことだと思っていたようで，月へは悪魔（精霊）に連れて行ってもらったことにしている[4]．しかし，彼は，「宇宙旅行のできる日がきっと来る，天空の風を受ける帆をもった宇宙船が天空を航行し，その船には宇宙の広大さを恐れぬ探検家たちが乗っている」と考えていたのだった[5]．

この本は後にジュール・ベルヌやH.G. ウエルズなどのSF作家に影響を与え，人類を月へ導く大きな道標になった．

8.4　二十世紀のロケット野郎

1865年にジュール・ベルヌは『月世界旅行』，原題を『De La Terre A La Lune（地球から月へ）』というSF小説を書き4年後，この本の続編で「Autour De La Lune（月世界へ行く）」を表した．これらの愛読者たちの中に，ロシアのツィオルコフスキー，ドイツのオーベルト，アメリカのゴダードがいた．彼らは月を目指すロケットの試作に励んだのだった．

彼らの後を継いだのがドイツのフォン・ブラウンとソビエト連邦のコロリョフである．特に，フォン・ブラウンらは少年時代からロケットの製作を始め，ついにドイツ軍の元でA4ロケットを製作した．A4ロケットは，V2ミサイルとして陸軍に採用された．フォン・ブラウンは，ロケットを完成させるため，軍隊とも手を握ったのである．V2は1944年から1945年3月にかけてロンドンに1500発も発射され，2500人以上ものロンドン市民が犠牲になったのをはじめ，V2による被害は死者数が12685人と推定されている．フォン・ブラウンとコロリョフは第二次世界大戦を生き抜いた．そして，第2次大戦後，米ソはフォン・ブラウンらが開発した史上初の実用ロケット，すなわちナチスドイツのミサイル，V2を利用して宇宙ロケットを開発していく．第2次世界大戦終了直前にアメリカ軍とソ連軍は，ドイツが開発したV2ロケットの技術者と製造設備を先を競って奪い合いあった．北海沿岸にあったドイツのロケット製

造基地ペーネミュンデに最初に到着したのはソ連軍であったが，フォン・ブラウンは多くの資料と技術者とともに，アメリカ軍に投降していた．アメリカのロケット開発はこのとき，フォン・ブラウンとともに投降した100人以上もの技術者に負うところが大きい．アポロはアメリカ人が金を出し，ドイツ人が作ったともいわれる所以である．このようにして，軍事目的に応用できるロケット開発は，原爆水爆の開発とともに，米ソ冷戦の舞台となったのだ．

図8・5　フォン・ブラウン．

一方，コロリョフは反ソビエトの罪状で1938年から1945年春まで収容所生活を送っていた．そして復権の後，ペーネミュンデのV2の成果を入手してロケット開発を推進した．1960年代後半までは，ロケット開発の先手は常にソビエト連邦であった．1957年10月に世界初の人工衛星スプートニク，4年後の1961年4月12日にはユーリー・ガガーリンの初の宇宙飛行．このようなロケット技術は大型ミサイル実用化の証拠であった．焦ったのはアメリカであった．

8.5　月に人類が降り立った日

月に人類が降り立った日のことを覚えておられるだろうか．「そんなのは知らない」，「まだ生まれていなかった」という人もたくさんおられるだろう．最近では，人類は月に行っていないと，でたらめなことを放送するテレビ番組などもあって，アポロはそんなに古い時代のことになったのかと思ってしまう．人類の月着陸は，1969年7月20日，暑い真夜中のことであった．あれからもう30年以上もたっているのだ．

ケネディ大統領は1961年5月25日に「緊急の国家的要求に関する議会への特別教書」[6] という題の演説を行なった．この演説は，アポロを月へ導いたことで大変有名である．冷戦下における国内外の経済的・社会的な状況分析を踏まえて，軍事同盟や国家防衛，軍縮，南米・アジアへのラジオやテレビ放送な

107

CHAPTER8　人類，月に立つ

どに対する予算要求のあとで宇宙開発への1章を設けた演説であったのだ．

「我が国は10年以内に人間を月に着陸させ安全に地球に帰還させるという目標を達成すべきである，と私は考えている．この時代に，単独の宇宙開発でこれほど人類を感動させ，長距離の宇宙探検でこれほど重要なものはないだろう．そしてこれほど達成するに困難で高価なものもないのだ．我々は，適切な月宇宙船の開発を促進することを提案する」．

表8・1　米ソの月への宇宙開発競争と世界情勢

年代	ソビエト連邦	アメリカ合衆国	世界情勢
1945年5月			欧州大戦終結
1945年8月		原爆投下	第二次世界大戦終結
1950年			朝鮮戦争開始
1957年	スプートニク，ICBM，犬搭乗衛星		
1958年		NASA創設	
1959年	ルナ3号月の裏側撮影	フォン・ブラウンNASAへ	
1960年			U2事件
1961年	ガガーリン宇宙飛行	ケネディ演説	ベルリンの壁，キューバ侵攻作戦失敗
1962年	ランデブー飛行	米人工衛星第1号 ケネディ暗殺	キューバ危機
1964年		レインジャー7号月撮影	
1965年	レオノフによる初の宇宙遊泳	マリナー4号火星写真 二番煎じの宇宙遊泳	ベトナム戦争米介入
1966年	ルナ9号月軟着陸成功 コロリョフ死去	ジェミニによるドッキング	
1967年		アポロ1号火災3名死	
1968年	ゾンド5号，生物を積んで月周回	アポロ8号有人月周回	ベトナム戦争激化
1969年	ソユーズ5号，6号初の有人宇宙船同志のドッキング	アポロ11号月着陸	
1970年	ルナ16号月の石持ち帰り ルナ20号ルノホートを無線操縦で操作		
1972年		最後の有人月着陸（17号）	
1975年			ベトナム戦争終結
1976年	ルナ24号 （ソ連最後の月ミッション）		
1977年		フォン・ブラウン死去	

8.5 月に人類が降り立った日

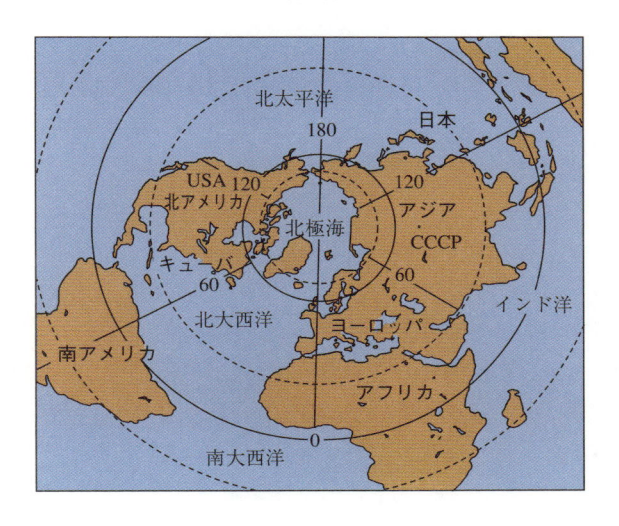

図8・6 冷戦下の世界情勢．
（北極の上空から世界を見るとアメリカ合衆国（USA）とソビエト連邦（CCCP）ががっぷり四つに組んでいることがわかる．米ソはベーリング海峡をはさんで国境を接し，アメリカの下腹にはキューバがある．まさに「アメリカの裏庭」であった．そのキューバにソビエト連邦のミサイル基地が建設された）．

　この演説が，ソビエト連邦がガガーリンによる人類初の有人宇宙飛行を成功させた直後に行なわれたことは注目しなくてはならない．そして，ガガーリンの宇宙飛行成功とほぼ同じ頃，キューバ危機が起こっている．ソビエト連邦がキューバにミサイル基地を設置したために核戦争が起こりそうになったのだ．その1年前，西側の亡命キューバ人によるキューバ侵攻の失敗もあった．これはアメリカにとって大きな痛手であった．現在ではこのような政治状況を打破するために，ケネディ大統領は月旅行計画に多額の予算を注ぎ込んだのであろうと考えられている．

　フォン・ブラウンはこの大統領の月計画に火をつけた1人であった．アメリカに渡ったフォン・ブラウンとそのチームは，最初は陸軍に，後にNASAへ移った．NASAでは，ジョージ・マーシャル宇宙飛行センター初代所長に就任し，レッドストーン，ジュピターの各ロケットを開発する．さらに月旅行可能な大型ロケットサターンV型を製作することになっていた．彼は，どうせやるなら

CHAPTER8 人類,月に立つ

月着陸だと時の副大統領ジョンソンに進言したのだった.フォン・ブラウンは子どものときからの夢,月へ人類を送り込むことを実現しようとここでも,がんばっていたのだった.この時期,アメリカは,スプートニク・ショックから立ち直るため,また,国家の威信を保ち西側のリーダーとして,どうしても大きな国家目標が必要であった.ケネディ大統領の暗殺のあと,計画推進派のジョンソンが大統領になり,アポロ計画は進んでいく.もし,ジョンソンが大統領にならなかったらアポロ計画はどうなっていただろう.多額の支出については常に議会からクレームがつきまとっていたのだった.

いよいよ,NASAに有人飛行計画が移譲され,月へ行く方法の検討が始まった.月への飛行方法には4つの提案があった.巨大なロケットを建造して地上から月へ直接行く方法.これは,そのロケットが現実のものではなかった.次にケネディ演説当時開発中であったサターンV型ロケットを2機打ち上げ,1機目に燃料を積み,月に向かう2機目に燃料を地球軌道上で補給するものである.これはフォン・ブラウンらが提案した.三番目に月に帰還用ロケットを無人で組み立ててから人を送り込もうとするものである.採用されたのは,月軌道ランデブー方式(LOR方式)であった.これは,サターンロケット1機で月へいける.しかし,複雑な操作が月の裏側で行なわなければならないという弱点があった.しかし,コンピュータの劇的な発展もあり,フォン・ブラウンはLOC方式で行くことへと方針を変更した.このLOC方式はすでに1916年頃にはロシアのコンドラチュクが提案していたものである.

アポロ1号の事故で3人を失うなど大きな犠牲と大変な努力のあと,7号がアポロ計画初の有人地球周回軌道,8号が人類初の月周回成功,9号が有人月着陸船とのドッキング実験,10号が月周回軌道での月着陸リハーサルを次々と成功させ,1969年7月16日13時32分(世界時),11号が人類初の月着陸を目指し打ち上げられた.搭乗者はニール・アームストロング船長,マイク・コリンズ司令船パイロット,バズ・オルドリン月着陸船パイロットである.

アポロ計画では,乗組員3人が乗る円錐形の司令船,それを月へ運び,地球に帰還させる機械船,サターンロケット発射時は機械船の後ろにある宇宙船アダプター内に格納されている月着陸船の3つの船からなる.月着陸船は月への軌道上で司令船とドッキングする.

8.5　月に人類が降り立った日

　ドッキング後は司令船と月着陸船は一体となり，一部屋増加して宇宙ステーションのようになる．11号のミッションでは司令船はコロンビア，月着陸船はイーグルと名付けられていた．月着陸船はアルミの骨組みにペラペラの金属箔を貼り付けた代物で，乗員2名は立ったままで操縦する．それでも月着陸船は13.6トンもあった．月着陸船は月から帰還時には，乗員の乗っている部分だけが飛び上がり，着陸用の足はその発射台として月に残される．月の上空に上がった月着陸船本体は月周回軌道上の司令船とドッキングし，月着陸船は放棄され月へ衝突．地震探査に利用された．

図8・7　アポロ11号の発射（ランチタワーから撮影されたもの）．

司令船と機械船は地球を目指し，大気圏突入前に機械船を切り離し，司令船だけになって太平洋に着水という段取りである．

　11号のミッションは，月周回軌道までは順調だった．ところが，高さ15000 mの月周回軌道から着陸を試みたとき，月着陸船イーグルの危険ランプが突然点滅しだした．それは，着陸船の軌道が異常であることを示している．月の海には重力異常（強い重力のあるところ）が複数見つかっていて，それをマスコンと呼んでいる．月着陸船はこのマスコンの強い引力に捕まったのだ．アームストロングは月着陸船を手動操作し，燃料切れ10秒前のきわどいところで，月に着陸させた．もう少しで，クレーターの縁に着陸するところでもあった．このような斜面に着陸すると安全に地球に帰還することはできなくなる．危機一髪だったのだ．このようにして，11号の月着陸船イーグルは地球を発って4日後の7月20日17時40分（世界時）に「静かの海」に着陸し，21日2時56分15秒，アームストロング船長が，月面に人類の第1歩を印したのだ．

　「ヒューストン．こちら静かの基地，鷲（イーグル）は舞い降りた」．

　「これは，一人の男にとっては小さな一歩だが，人類にとっては偉大な跳躍だ」．

　この2つの名言をニール・アームストロングは月から発した．

CHAPTER8 人類，月に立つ

図8・8 月着陸船から見た着陸予定地域.

彼らの月面活動はたった2時間30分であった．そして7月21日13時54分に採取した約22 kgの岩石とともに月面を出発し，7月24日12時50分に無事に地球に生還した．ここで，アームストロングが月に降りた直後することは，宇宙服のポケットに手近の表土を採集することだった．緊急事態が起こり，あわてて月から脱出することになっても月の石は持って帰るという計画だった．彼が表土を採取しようとしてもそれは粉末状の砂ばかりで真っ黒いものだった．

図8・9 月面歩行a，b.
(aはアームストロング船長がアポロ11号の月着陸船パイロット，オルドリンを撮影したもの．アームストロング自身の写真はほとんどないが，このオルドリンのヘルメットのマスクにかろうじて写り込んでいる．)

この後，故障事故を起こした13号を除く17号まで，合計6台の着陸船と12人の宇宙飛行士が月面に降り，様々な探査を行なった．この探査には，月の岩石の採集や写真撮影，土の調査，地震計を設置して地震探査など，地質学に関

8.5 月に人類が降り立った日

する様々な内容が含まれていた．

　1972年12月，17号のミッションを最後として，アポロ計画は終了した．そして，この計画で得られたデータは，このあと科学者により詳細に分析され，月の起源や，進化さらに地球自身の研究に大きな成果を上げている．特に，アポロ15，16，17号は，科学ミッションでいままでのものとは違った成果を上げることができた．15号は「雨の海」とアペニン山脈の境界に着陸し，月面車を利用し，月の高地起源の岩石を入手した．17号のメンバーの1人，ジャック・シュミットはアポロミッションでの唯一人の地質学者である．このミッションでは25時間の月滞在と120kgの月の石の採取ができたのであった．

　ところで，宇宙開発をはじめ，何から何まで，米国の好敵手であったソビエト連邦は月に関してはどうしていたのだろうか？孤軍奮闘で月を目指していたコロリョフが1965年に59歳の若さで病死したことと月への大型ロケットN1の打ち上げ失敗，ソビエト連邦側で計画が絞れなかったこともあり，アメリカに先を越されてしまったのだ．さらに，彼らは早い時期から月だけではなく，火星探検をも目指し，数百日に及ぶ宇宙滞在の実験をしている．それがミール計画へ，そして，いまは国際宇宙ステーション計画へとつながっているように思う．また，ソビエト連邦ではずっと無人宇宙探査機のミッションを進めてきている．それがルナ計画だ．すでに1959年には3機のルナが月に向かって送られ，2号が月の晴れの海に衝突，3号は同年10月に月の裏側の写真撮影に成功した．1966年1月には9号が月に軟着陸成功，1971年には無線コントロールで走るルノホート1号が送り込まれ，月面上で約10ヶ月間，1万km以上も走行した．ルナ16号は約100gの月の土を地球に持ち帰っている．ルナ計画は1976年の24号まで続けられたが，それらはすべて無人のロボットだった．実は，月の石を採取する予定でルナ15号はアポロ11号とほぼ同時期に打ち上げられ，アポロ11号が月周回中に月面に衝突して果ててしまったのだった．ここでも月の石の先取権争いを米ソは演じていたことになる．

　ルナ計画は，無人探査の可能性を示したが，有人探査と無人探査の質的違いをも明らかにした．特にアポロ15号以降，地質学者や地質学のトレーニングを受けたパイロットの目は，人の目というものが重要であることを示した．ロボットには観察という行為はできない．科学的研究には，どのような場所で資

CHAPTER8　人類，月に立つ

料が採取されたのかは非常に重要であるのであった．

　月ミッションの成果はなんだったのだろうか．それは，月や地球の解明だけではないだろう．人類に大きなロマンを与え続けることも行なっている．人類史上最初の月周回軌道を成し遂げたアポロ8号は月から昇る地球を撮影し，そ

図8・10　奇怪な形のルナ16号．

図8・11　アースライズ（アポロ8号から見た月面からの地球出現，いわゆる地球の出．この写真は本来の撮影計画にはなかったが，あまりの美しさのゆえ何枚も撮影された）．

8.5 月に人類が降り立った日

の映像はいまも人類に大きな感銘を与えている．その映画や映像を見た若者たちが，いま，現代天文学のみならず，現代科学をも引っぱっているのだ．

もう1つ，月への着陸は，人類の可能性を示したともいえる．冷戦構造から生まれた計画という側面をもつとはいえ，フォン・ブラウンの夢，また，多くの先人の月への希望が叶い，人類も希望をもち，やろうと思えばできるのだということの大きな先例になったのだ．

さて，アポロ計画は前半と後半に分かれているように思える．前半は11号から14号でとにかく月に着陸し，安全に帰還することが目的であった．15号から17号では，月の科学調査が重要視され，月着陸船にもたくさんの装置が積み込まれていた．月面車や望遠鏡はその例だ．それまでは，比較的安全と思われていた，海に着陸していたが，16号は月の高地，デカルト高地着陸した．それは月の高地の岩石調査と採取のためであった．15号以降，NASAは宇宙飛行士に地質調査のトレーニングをさせた．また，月を周回する母船からは詳細な科学的写真が撮影され，月地形の研究が進んだ．

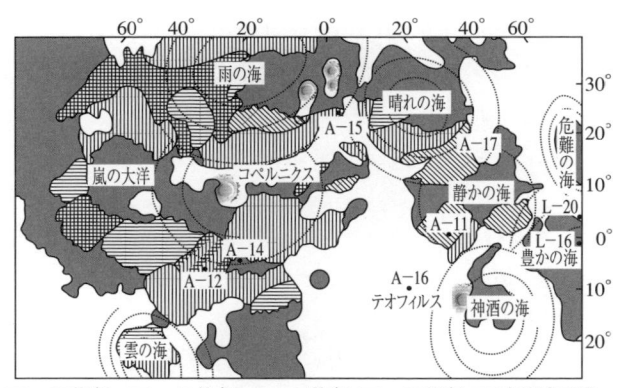

図8・12 月の岩石採取地点（A-XXはアポロ計画．L-YYはルナ計画での岩石採取地点を表す．月着陸はすべて地球側から見える表側であった．それは，地球との交信を必要とするからである．模様のある部分が月の海，年代によって模様を変えている[7]）．

8.6 アポロの以前と以後

　アポロ計画による月着陸がもたらした人類の知識の一部をその前と後で比べてみよう．

　まず，月自身の起源の問題である．かつて月は，地球と同時に誕生したという兄弟説や地球の引力が他の天体をひきつけたという他人説（捕獲説）のどちらかであろうと思われていた．ところが，月の岩石中の酸素同位対比を調べると，月のそれは，地球のマントルに非常に類似していることが明らかになった．他方，隕石のそれは，てんでバラバラな値を示していた．このことから，地球の創生時に，他天体が衝突し，地球のマントルの一部を宇宙空間に放出させ，これが月になったというジャイアント・インパクト説が提唱されたのだ．これは，現在，大型計算機のシミュレーションでも確かめられている．

　次に，月のクレーターの起源問題だ．クレーターの起源についてはいろいろと論争があった．天文学者は，クレーターは火山起源であるという説を主張していた．一方，地質学者は隕石の衝突後であると主張していた．この論争はクレーター付近の岩石採取で決着がついたのだ．着陸前，クレーター付近の月の石は火山岩であることが予想されていた．しかし，採取された岩石はすべて角礫岩だったのだ．角礫岩は衝突によって作られる．高地からも角礫岩ばかり採取された．つまり，当時の科学者の考えていた高地はかつての火山地帯のあとという説は完全に否定され，隕石落下によって地形が形成されたことが明らかになったのだ．

　次に，すべての岩石は熱で溶けたあとがあった．1960年代当時，月は冷たい状態で生まれたと考える学説があった．しかし，この考えもアポロの持ち帰った岩石で否定されたのだ．

　さて，地質学上の発展はどのようなものだったであろうか．

　竹内・水谷[8]は1966年に次のような推論をしている．「月の陸の年齢は地球の古さと同じ45億年であるとすると，月の陸と海に見られるクレーターの累積個数と直径の関係から海の時代は2.3億年前となる．結論は陸の年齢は数十億年前，海の年齢は数億年前とするものである」．

　一方鳥海ら[9]は1990年，アポロの成果を踏まえて，地球テクトニクスの変遷を次の4つに分けて論じている．

8.6 アポロの以前と以後

1）45億年前から35億年前：マントル対流と微惑星衝突の支配した時代.
2）35億年前から25億年前：微惑星衝突の減少と大陸の成長.
3）25億年前から10億年前：安定超大陸の出現.
4）10億年前以降：プレートテクトニクスの時代.

　竹内・水谷は月のクレーターの生成年代を斉一説[*2]でとらえたのであり，鳥海らは，アポロが持ち帰った岩石から得られた月表面年代と月のクレーター数密度からわかるクレーター年代学を地球史に当てはめたのだった．そして，惑星系形成初期は微惑星の衝突が惑星表面の形成に大きな働きをしていたことを明らかにした．このように，月の石は月だけのものではなく，地球の歴史や太陽系の歴史をひも解く重要なロゼッタストーンになったのだ．

[*2] 現在あることは，過去にも起こっているという地質学の前提

●COLUMN5●

人類最初の月での言葉

　月に降り立った最初の人間,アポロ11号ニール・アームストロング船長の月での最初の言葉についての話題を一つ.

　公式には彼の言葉は,
"I'm at the foot of the ladder. The LEM footpads are on the, uh, depressed in the surface about 1 or 2 inches. Going to step off the LEM now. That's one small step for a man, one giant leap for mankind."
「今,ラダーの脚に乗っている.月着陸船の脚は,あー,1ないし2インチほど表面に沈んでいる.今,月着陸船から足を降ろす所だ.これは,一人の男にとっては小さな一歩だが,人類にとっては偉大な跳躍だ」.
となっているが公開されている彼の交信音声には"man"の前の"a"は聞こえない."a"がないとすれば,
"That's one small step for man, one giant leap for mankind."
「これは,人間にとっては小さな一歩だが,人類にとっては大きな跳躍だ」.
となる.

　アームストロングが月に立つ最初の人間に選ばれたときから,月最初の言葉について多くの提案があった.月への飛行中にも仲間のクルーから聞かれたという.彼は,口べたで無口な男だった.だから,大いに悩んだようである.結局,月面に足を降ろしたときに発した言葉は自分の選択と違い不定冠詞の"a"がない言葉になってしまったようだ.自分では"a man"と言いたかったと言っているが,通信中に"a"が消えたのかそれとも言い忘れたのか定かではない.アームストロング自身は"a"を言ったかどうかインタビューを受けても曖昧にしか答えないのである.

　ちなみに宇宙飛行士としては小柄なアポロ12号のパイロット,チャールズ・コンラッドは,嵐の大洋に降りたとき,「うわあー,おい,ニールにとっては小さな一歩だったかもしれないけれど,私にとっては長い一歩だ」と発している.

第2篇　日本の天文史跡めぐり

　日本全国には天文台跡，天文学者縁の地など，天文史跡と呼ぶにふさわしい場所がいくつもあるが，ここでは星座の数にちなみ，全国88の史跡を紹介する．また，現在，いわゆる平成の大合併で市町村名が大幅に変わりつつあるが，本篇では原則として平成15年（2003）4月1日現在の名称を使用した．

天文史跡88（カッコ内は本文の節・項番号）

1:日食観測記念碑(9.1.1)
2:日食観測記念碑(9.1.2)
3:日食観測所跡(9.1.3)
4:金環日食記念碑(9.1.4)
5:ノチウ(9.2)
6:クラーク博士像(9.3)
7:旧郵船小樽支店(9.4)
8:開拓使勇払基点(9.5)
9:一戸博士の碑(10.1)
10:弘前藩校稽古館(10.2)
11:海図一号記念碑(10.3)
12:星座石(10.4)
13:気仙隕石(10.5)
14:木村記念館(10.6)
15:鹽竈神社の日時計(10.7)
16:秋田の天測点(10.8)
17:満月の碑(10.9)
18:北辰の碑(10.10)
19:日新館天文台(10.11)
20:赤水誕生地(11.1)
21:水戸藩校弘道館(11.2)
22:那須基線(11.3)
23:伊能忠敬旧宅(11.4)
24:金星観測台(11.5)
25:デイビス天測点(11.6)
26:春海の天文台(12.1.1)
27:宝暦の天文台(12.1.2)
28:浅草天文台(12.1.3)
29:忠敬の観測所(12.2)
30:渋川春海の碑(12.3)
31:高橋景保の碑(12.4)
32:海軍観象台(12.5.1)
33:地理局天文台(12.5.2)
34:文部省観測台(12.5.3)
35:旧東京天文台(12.5.4)
36:経緯度原点(12.6)
37:ローエル居住地(12.7)
38:東京海洋大学(12.8)
39:水路部天測室(12.9)
40:国立天文台(12.10)
41:日食供養塔(12.11)
42:観測日食碑(13.1)
43:出雲崎の天測点(13.2)
44:石黒信由の碑(13.3)
45:西村太冲の碑(13.4)
46:木村栄生誕地(13.5)
47:ローエルの碑(13.6)
48:根上隕石(13.7)
49:星石(13.8)
50:刻限日影石(13.9)
51:日時計石(13.10)
52:一貫斎屋敷(14.1)
53:梅小路天文台(14.2)
54:三条改暦所(14.3)
55:麻田剛立の碑(14.4)
56:間重富の観測地(14.5)
57:金星測検之処碑(14.6)
58:初の子午線標識(14.7)
59:トンボ標識(14.8)
60:益田岩船(14.9)
61:高松塚古墳(14.10)
62:キトラ古墳(14.11)
63:漏刻台跡(14.12)
64:飛鳥占星台(14.13)
65:畑中武夫の碑(14.14)
66:天神野基線(15.1)
67:美保関隕石(15.2)
68:本田實の碑(15.3)
69:倉敷天文台(15.4)
70:源平水島古戦場(15.5)
71:玖珂隕石(15.6)
72:国分寺隕石(16.1)
73:久米通賢の像(16.2)
74:八幡浜の天測点(16.3)
75:在所隕石(16.4)
76:谷秦山邸趾(16.5)
77:高知城の正午計(16.6)
78:直次郎の観測所(16.7)
79:直方隕石(17.1)
80:太宰府の漏刻台(17.2)
81:からくり儀右衛門(17.3)
82:金星観測台(17.4)
83:忠敬の天測之地(17.5)
84:三浦梅園旧宅(17.6)
85:天文館(17.7)
86:太陽石(17.8)
87:星見石(17.9)
88:節さだめ石(17.10)

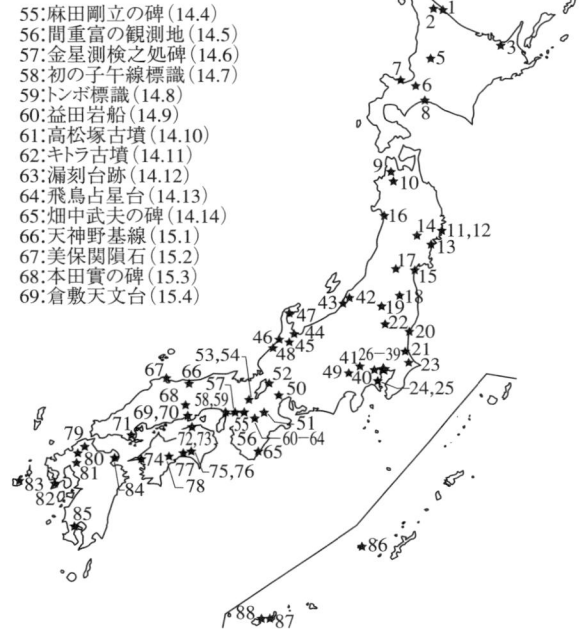

CHAPTER 9

北海道地方

9.1 北海道の日食観測記念碑

 明治以降，北海道では，明治5年（1872，金環），明治29年（1896，皆既），昭和11年（1936，皆既），昭和18年（1943，皆既），昭和23年（1948，金環），昭和38年（1963，皆既）と，6回の中心日食が見られた．このうち明治29年以降の日食については専門家の観測が行なわれている．ここでは，これらの日食観測記念碑を紹介する[1]．

1）枝幸町の皆既日食観測記念碑（枝幸郡枝幸町）

 枝幸町では明治29年（1896）8月9日と昭和11年（1936）6月19日の2度にわたり皆既日食が見られた．いずれも専門家の観測隊が布陣し，明治29年の皆既日食ではアメリカ，フランス，日本の観測隊がこの地で観測を行なっている．各国の隊長は，アメリカがアマースト大学教授ダビッド・トッド，フランスがパリ天文台長デランドル，日本は初代東京天文台長の寺尾 寿であった．

 アメリカ隊はコロナなど日食の写真を多数撮影すること，フランス隊はコロナが太陽と一緒に自転するか否か，つまりコロナは太陽に付属しているかどうかの検証を主目的としていた．日本隊は町はずれのウエンナイ（現・枝幸町幸町付近）で写真撮影などを試みたが，いずれの隊も雲に阻まれて観測は成功しなかった．

 枝幸町の日食記念碑は，この明治29年の3ヶ国の観測を記念したもので，フランスの観測隊が布陣した枝幸町本町590-1（枝幸町商工会館前）に，枝幸町によって昭和62年（1987）に建立された．ステンレス製の記念碑は高さ約2.7m（台座を含む），正面から見ると円形（太陽光球の形）に，側面から見ると太陽を取り巻くコロナの形に見えるというおもしろいデザインである（図9・1）．商工会館は町役場，町立図書館，枝幸消防署などが集まっている町の中心

部にあり，役場の東北東150 mのところである．

また，枝幸滞在中の村民の好意に感謝したアメリカのトッド博士は，帰国後枝幸へ図書を送り続け，このことが明治36年（1903）の北海道最初の公立図書館（現・枝幸町立図書館）開館へとつながった．日食観測が縁で創立された稀有の図書館である．トッド博士は図書館開設後も15年間にわたり延々と図書を送り続けたという．このことを永く伝えるためアメリカ隊の観測記念碑が枝幸町立図書館（枝幸町本町880-3）正面入口脇に建てられている．記念碑は金属製の解説板をコンクリートの台座に取り付けたもので，高さ1.2 mほどである．なお，トッド博士と枝幸図書館開館に関する感動的な物語が，天界No.182（1936）に転載されている[1〜5]．

2) 中頓別町の皆既日食観測記念碑（枝幸郡中頓別町字中頓別，町立中頓別小学校内）

中頓別町も明治29年（1896）と昭和11年（1936）の2回，皆既食帯が通過し，昭和11年6月19日の日食に際しては専門家による観測隊が布陣した．中頓別小学校の校庭では，東京天文台，京都帝国大学花山天文台，チェコスロバキアとオーストリアの観測隊が観測を行なった．当日は雲がかなりあったようだが，幸い皆既中は雲にかかることなく観測は成功している．中頓別小学校の碑は，この昭和11年の皆既日食観測を記念したものである．

記念碑は校舎北西端の児童用玄関脇にあって，アルミ板に観測風景とコロナの写真を印刷し，簡単な解説を付したものである（図9・2）．この碑は平成4年（1992）に作られたが，それ以前にも同校には木製の記念柱が建てられて

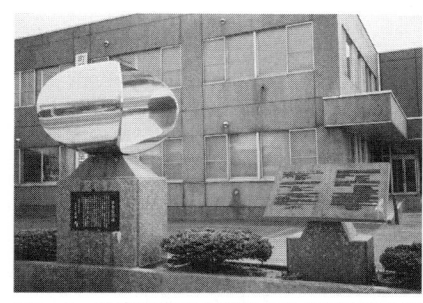

図9・1　枝幸町商工会館前の日食観測記念碑（2003年5月）．　　図9・2　中頓別小学校の皆既日食観測記念碑．高さは1.2 mほどである（2003年5月）．

いたらしい[3, 6, 7].

3) 小清水町の日食観測所跡
（斜里郡小清水町字小清水662, 町立小清水小学校内）

小清水町も明治29年（1896）と昭和11年（1936）の皆既食帯が通過し, 昭和18年の皆既帯にも含まれていた. 昭和11年6月19日の日食に際しては, 東北帝国大学の松隈健彦（まつくまたてひこ）（1890‐1950年）教授（東北帝大天文学講座の初代担当者）らが, 小清水小学校で口径20 cm, 焦点距離5 mの望遠鏡を使用してアインシュタイン効果の観測を行なった.

小清水小学校には当時の観測台座が残っており, 観測記念碑が建てられている. 記念碑は「日食観測所跡」と刻まれた高さ1 mの黒っぽい石碑で, 昭和43年（1973）に開町50周年を記念して作られた. 当時の観測台と伝えられるものは, 高さ60 cm余りのコンクリート製の台で端部は四角柱状に30 cmほど高くなっている（図9・3）. 記念碑と観測台は小清水小学校敷地の北側, 校舎とグランドの間（グランドの北西端）にあるが, これらは校舎改築時に数10 m移動させたとのことである[1, 3, 7~11].

図9・3 小清水小学校の日食観測記念碑（中央）と観測台（左）. 写真左奥が校舎側, 手前がグランド側である（2003年5月）.

4) 礼文島の金環日食観測記念碑（礼文郡礼文町起登臼（きとうす））

昭和23年（1948）5月9日の金環食帯は礼文島中央を通ったが, 礼文島での金環食帯の幅は約1 kmと非常に狭く, 金環食継続時間も1～2秒という限りなく皆既食に近いものであった. この日食は第二次大戦後我が国で初めての中心食で, 天文だけでなく, 気象, 地球物理, 通信などの分野でも大規模に観測が行なわれた. 当時は戦後の混乱期だったが, この金環食は研究の方向を失っていた日本の研究者を刺激するのにおおいに役立ったという.

礼文島では東京天文台（現・国立天文台）, 緯度観測所（現・国立天文台水沢観測所）, 京都大学などのチームが観測を行なった. アメリカ地理学協会か

らもオキーフ博士の一行が訪れ，日本とアメリカの測地三角網を結びつける目的で観測を実施している．

　東京天文台の広瀬秀雄（1909‐1981年）（後に台長）は，日本の星食観測から求めた月の位置が諸外国の観測から求めた位置と系統的にずれていることを発見しており，この原因を東京麻布の日本経緯度原点（12.6節）における鉛直線偏差によるものと考えていた．原点の鉛直線偏差のために世界の測地系と日本の測地系で経緯度の違いが生じているというのである．広瀬はこの考えに基づき，礼文島における金環食帯中心は従来の計算よりも約1 km南を通ると推定した．このままでは金環食帯に行ったつもりの観測隊が部分食しか観測できないかもしれない．結局，アメリカ，日本の観測隊ともに彼の予報に従い，南へ観測位置を移動して当日の観測は成功した．広瀬の考えの正しさが立証されたのである．

　この記念碑は礼文町役場から北へ約7 kmの道道40号線沿いにあって（礼文島東海岸のほぼ中央），地形図や道路地図にも記載されている．現在の記念碑は道路改良工事のため，平成13年（2001）6月に旧記念碑（昭和29年（1954）建立）の道路を挟んで向かい側（海側）に新設されたものである．高さ1.2～2 mの柱5本に，金環日食の様子をデザインした現代風のモニュメントである（写真：http://www.dosanko.co.jp/rebun/kankou/nissyoku.html など）[1, 12, 13]．

9.2　ノチウ（星）という岩（上川郡鷹栖町北野，石狩川の中州）

　オサラッペ川という小さな川が石狩川に合流する地点，旭川市と鷹栖町の境界付近の中州に，高さ10 mほどの岩が突き立っている．この岩は，古くからアイヌの人たちが「ノチウ」（アイヌ語で「星」の意）と呼び，隕石が地上に

図9・4　石狩川中州にあるノチウ．川岸に下りて見ると，なるほど名前が付きそうな目立つ岩である．この写真はサイクリング道路から撮影したもので，左手（東側）が石狩川の上流，対岸の丘の上に見える建物（塔が建つ）は，北海道東海大学である．カメラ位置の背後を函館本線が走り，左手後方からオサラッペ川が流れ込んでいる（2002年9月）．

降って岩になったと伝えられている（図9・4）．もちろんこの岩は隕石ではなくて赤色珪岩とのことだが，このノチウをアイヌの人々は隕星石として尊崇したという．

中州なのでこの岩へ行くことは困難だが，石狩川北岸にはサイクリング道路が整備されており，そこから川岸に下りて間近に眺めることができる．また，函館本線の列車がオサラッペ川に架かる鉄橋を渡るときに，短い時間ではあるが車窓から見ることもできる．この鉄橋は旭川駅から1つ札幌寄りの近文駅の1.2 km先（札幌方）にある[14, 15]．

9.3　クラーク博士像（札幌市北区北9条西7丁目，北海道大学構内／豊平区羊ヶ丘1番地，さっぽろ羊ケ丘展望台）

ウィリアム・スミス・クラーク博士（1826-1886年）は教育者として名高く，明治9年（1876）に札幌農学校初代教頭として招かれた．アメリカへ帰国の際，見送りの学生たちに残したと言われる「Boys, be ambitious!」の言葉は，あまりにも有名である．

彼はアメリカ，マサチューセッツ州に生まれ，ドイツのゲッチンゲン大学に学び1852年には同大学から博士号を得ている．学位論文のタイトルは「On Metallic Meteorites」（金属質隕石について）であった．論文誌に掲載されたその内容は，4個の鉄隕石を化学分析して鉄隕石がどのような元素から成り立っているかを明らかにしたもので，隕石の化学的研究において先駆的役割を果たしたという（早川氏による）．クラーク博士の「博士」は，「隕石」博士だったのである（図9・5）[16]．

図9・5　クラーク博士像．これは昭和51年（1976）に博士の生誕150年を記念して，羊ヶ丘展望台に建てられたもの．本家（?）の北海道大学のもの（古河記念講堂前）は，胸像（昭和23年（1948）再建）である（2002年9月）．

9.4　旧日本郵船株式会社小樽支店（小樽市色内3-7-8）

　日露戦争の後，明治38年（1905）にアメリカのポーツマスで講話条約が結ばれ，樺太の北緯50度以南が日本領となった．これに基づき日露両国の国境画定会議が幾度か開催され，国境は天文緯度で画定することとされた．明治39年（1906）11月には，この国境画定会議が新築直後の日本郵船小樽支店2階会議室で開かれ，日本側属員として東京帝国大学・星学科助教授（後に教授）の平山清次（1874-1943年）が加わっている．

　樺太では北緯50度付近の4ヶ所で天測が行なわれ，北緯50度（天文緯度）の通過地点が定められた．国境には天測境界標石（4ヶ所）と17基の中間標石が埋設され，森林を幅10 m，長さ約130 kmにわたって伐採して国境とした．このときの天測作業の中心人物も平山である．

　旧日本郵船小樽支店は，明治39年（1906）10月に完成した石造2階建ての建物で，現在は会議室など内部を復元して一般公開されている（図9・6）．2階には国境画定会議に関する資料などの展示もある．場所はJR小樽駅の北北東1.2 kmのところで，建物は小樽の観光名所になっている[17~19]．

図9・6　旧日本郵船小樽支店（重要文化財）（2002年9月）．

9.5　開拓使三角測量勇払基点
　　（苫小牧市字勇払132，勇払ふるさと公園内）

　開拓使（北海道の開拓経営のために置かれた各省と同格の官庁）は，正確な北海道地図を作成するため明治6年（1873）3月，アメリカ人J.R. ワッソンを測量長に命じ洋式の三角測量を開始した．ワッソンは基線場を勇払原野に定め，翌7年（1874）からは彼の業務を引き継いだアメリカ人M.S. デイらが勇払基線の精測を始めた．勇払基点の経緯度は天文測量により北緯42度37分34秒，

9.5 開拓使三角測量勇払基点

東経141度44分46秒と求められた．基線はここから東南東の勇払郡鵡川(むかわ)町方向に延び，基線長は14,860m余りと測定されている．

勇払基点の石柱が昭和37年（1962）に市立勇払中学校校庭で発見され，文化財指定を受けたことにより敷地の確保と整備が進められた．勇払基点は勇払中学校の北東隣にあって，JR日高本線・勇払駅から東へ300mほどの道道781号線沿い（西側）にある．勇払基点一帯は「勇払ふるさと公園」として整備され，基点はその北西端に位置している（図9・7）．園内には勇払地域に関する資料館（勇武津(ゆうぶつ)資料館：苫小牧市字勇払132‐32）があり，勇払基線の資料も展示されている．もう一方の鵡川基点については未発見であるが，この勇払基点は我が国における最初の本格的三角測量の着手点として，測量学・測地天文学上，貴重な史跡である．なお，本州における最初の本格的基線は栃木県の那須基線である（11.3節）[18, 20]．

図9・7 開拓使三角測量勇払基点（北海道指定史跡）．写真中央の三角錐状の設備（高さ約1.7 m）の中に基点石柱が保存され，それをガラス越しに見ることができる．勇払基線はここから右方（東南東方向）へ延びている（2002年9月）．

CHAPTER 10

東北地方

10.1 青森県・故一戸博士之碑
（西津軽郡木造町大字吹原，吹原小学校旧校舎跡地）

この碑は明治後期から大正初期にかけて活躍した天文学者，科学ジャーナリストの一戸直蔵を顕彰したもので，大正15年（1926）に建立された（図10・1）．

一戸は明治11年（1878）に越水村（木造町南西部）吹原に生まれ，明治22年（1889）に吹原小学校を卒業した．東京帝国大学星学科（後の天文学科）卒業後，官費留学の順番を待ちきれずに明治38年（1905）から2年間，アメリカのヤーキス天文台へ私費留学している．日本人として初めて発展期にあるアメリカの巨大天文学に接し，感化を受けて帰国，東京天文台（現・国立天文台）に勤務した．

明治44年（1911）には主に変光星に関する研究で学位を得たが，当時の東京天文台長・寺尾寿らと意見が合わないことが原因で同年末には東京天文台を追われ，その後は科学ジャーナリストとして活躍する．イギリスの科学誌Natureを範とした『現代之科学』を創刊するが経営は順調にいかず，病のため大正9年（1920）に42歳で没した．

図10・1 故一戸博士之碑．この碑の隣には，ほぼ同じ大きさの大澤正毅翁の顕彰碑が建っている．大澤翁は一戸博士の吹原小学校時代の恩師で，有徳の教育者だったらしい．一戸博士之碑の左手（東側）方向に県道12号線がある（2002年10月）．

一戸は日本天文学会の創立（明治41年（1908））に尽くし，天文月報の初代編集主任として天文学の普及に努めた．さらに数多くの普及書を著すなど天文学普及への貢献は大きい．天文学者が一般向けの図書を出版したのは，日本では彼が最初だという．

　JR五能線・越水駅の北方4 kmに木造町南広森の集落がある．吹原小学校旧校舎跡はこの集落の南はずれにあり，吹原簡易郵便局の南100 mほどのところである．県道12号線のすぐ西側の道路に面し，いまは吹原農村公園という狭い公園になっているが，かなり荒れている．この旧校舎跡地に高さ4 mほどの立派な石碑「故一戸博士之碑」が建つ．なお，吹原小学校の新校舎はここから1 km北方にあるが，これも平成14年（2002）3月に廃された[21, 22]．

10.2　青森県・弘前藩校「稽古館」（弘前市下白銀町，弘前城内三の丸）

　稽古館は寛政8年（1796）夏に完成した弘前藩の藩校で，文化5年（1808）に弘前城内の三の丸へ移転した（図10・2）．この藩校では藩士の教養として天文暦学の教育が行なわれ，天文台もあって主に学生の教育・実習に使われたようだ．天文の教官は2名程度で教育内容は当時としても時代に遅れたものであったが，ここで編纂した略暦は毎年教官や学生に頒布され，「稽古館暦」あるいは「弘前暦」と呼ばれて現存している[23, 24]．

図10・2　弘前城追手門（重要文化財）．ここを入って正面から右手奥にかけてが，移転後の稽古館があった三の丸になる（2002年10月）．

10.3　岩手県・海図第一号記念碑
（釜石市大平町3-9-1，釜石大観音境内）

　明治に入ると日本でもイギリスなどの指導により西洋式の海図が作成されたが，その第一号が明治5年（1872）に発行された岩手県釜石港の「陸中国釜石港之図」である．この海図作成の測量では測量艦として軍艦春日を使用し，

天文経緯度を測定するための天測点を設けた．観測機器は当時日本沿岸の測量にあたっていたイギリス艦シルビア号から借用している．

測量に従事したのは春日の艦長・柳楢悦（やなぎならよし）（1832－1891年）他の海軍部員であり，以後海軍において日本の海図が作成されることになった．柳楢悦は日本の水路業務の創業者で，後に海軍省水路局長，初代海軍水路部長を務め，我が国の天文学発展への貢献も大きい．この海図作成，天体位置表編纂などの水路業務は，現在の海上保安庁海洋情報部（2002年3月までは海上保安庁水路部）へ引き継がれている．

釜石での日本人による最初の海図作成を記念して平成6年（1994），日本水路協会により「陸中国釜石港之図」の記念碑が設置された．碑は真鍮板に陸中国釜石港之図を模刻し，その解説を和文と英文で刻んだものである（図10・3）．記念碑が置かれる釜石大観音はJR釜石駅から南東へ約3kmのところで，高さ50mの観音像は釜石市の観光名所となっている．記念碑は大観音像正面直下の展望バルコニーにあり，そこからは釜石湾が一望できる[18, 25]．

図10・3　第一号海図記念碑．海図が模刻された真鍮板を台に取り付けたもので，高さは1mほど（2002年10月）．

10.4　岩手県・測量之碑と星座石（釜石市唐丹町（とうに）字大曽根237-1）

この測量之碑（陸奥州気仙郡唐丹村測量之碑（むつのくにけせんぐん））は，享和元年（1801）9月，伊能忠敬（11.4節）が唐丹村で測量を実施したことを記念して文化11年（1814）に建てられたものである．忠敬は唐丹村には2日しか滞在しなかったが，地元の天文暦学研究家・葛西昌丕（かさいまさひろ）（1765頃－1836年）は忠敬の学識に傾倒し，彼の偉業を顕彰するためこの石碑を建立した（図10・4）．

碑は最上部に「天蝎（てんかつ）」（黄道12宮の1つ，さそり座に対応）と刻まれ，忠敬がこの地を北緯39度12分と測定したことや（現在の世界測地系による緯度も

図10・4 測量之碑（岩手県指定文化財）．解説板に隠れて見にくいが写真上部右側の白い解説板の奥に測量之碑が，左の解説板の奥には遺愛の碑（葛西昌丕の顕彰碑：釜石市指定文化財）があり，2つの石碑の前に星座石（図10・5）が置かれる（2002年10月）．

ほぼ39度12分），測量術の簡単な歴史，最後に「西洋の説によれば地球に微動があるらしいが，後世の人はその真偽を確かめてもらいたい」という意のことが刻まれている．この「地球の微動」については，1747年にブラッドレーが発見した「章動」のことではないかとする説がある．

星座石は長径70 cm，短径50 cmの厚い石板で，石の中央には「北極出地三十九度十二分」と刻字され（北極出地とは北緯の意），周囲には黄道12宮と12次（中国で天の赤道を12等分した区域）の名称が交互に刻まれている（図10・5）．星座石は前述の測量之碑と同様に葛西昌丕が設置したとされ，忠敬の測量地点を示すための標石だとも言われているが，昌丕の制作・設置意図は十分に判明していないようだ．現在，測量之碑と星座石は唐丹町本郷の高台にあるが，昌丕が当初建立した場所は明確ではない．唐丹村での忠敬の天測点あるいは唐丹湾を海上引き縄で測量した際の上陸地に置いたものだろうか．

現在，この測量之碑と星座石が置かれている場所はJR釜石駅の南約7 kmのところで，三陸鉄道南リアス線・唐丹駅の東北東約2 kmの位置になる．釜石市街から国道45号線を約8 km南下すると小白浜トンネルの直前に左へ（東へ）下りる道（県道249号線）がある．この道を約1 km進んだところの崖の上に測量之碑と星座石とがある．道路地図や国土地理院の地形図にもその位置が示され，国道45号線・県道249号線沿いには「測

図10・5 星座石（岩手県指定文化財）．中央に北極出地三十九度十二分と刻まれている（2002年10月）．

量之碑・星座石」と記された新しい案内標識がいくつも建っている[26〜29]．

10.5　岩手県・気仙隕石落下地
　　　　（陸前高田市気仙町字丑沢133，長円寺境内）

　気仙隕石は嘉永3年（1850）5月4日（旧暦，ただし3日の説もある）の明け方に，長円寺門前に落下した重さ135 kgの石質隕石（コンドライト）である．この隕石は日本で落下・発見された最大の隕石で（現存部の長径48 cm），当時の記録には周囲10 m以上にわたって土砂が飛び散り，隕石の表面は熱かったと記されている．落下地点には深さ1〜2 mの穴があき，まわりの木から滴る水滴が隕石に落ちて濛々たる蒸気が立ち上がっていたともいう．

　この隕石は地元では養蚕に，漁業に，あるいは病気に霊験があるとして大切にされ，落下後50年近く長円寺に置かれていたが，明治27年（1894）8月に東京の帝国博物館（現・東京国立博物館）へ献納された．このときは地元の反対が強く，隕石を陸路で東京へ運ぼうとしたが途中で取り返される恐れが生じ，急遽船を使うことになったという．気仙隕石は地元民が霊験を信じて一部を持ち帰ったり，また海外にも流出しているが，隕石本体の大部分は東京の国立科学博物館に展示されている．

　長円寺には第二次大戦前に木製の記念碑が建てられていたが，昭和51年（1976）8月，長円寺の檀信徒らにより現在の記念碑が建立された．この石碑は日本最大の隕石にふさわしい立派なもので，碑面には「天隕石降落之蹟地」と刻まれ，そばには隕石の由来などを記した石碑も建てられている（図10・6）．長円寺はJR大船渡線・陸前高田駅の南南東約2 kmの国道45号線沿い（西側）にあり，碑は本堂へ向う階段の北側（右手）に建っている．長円寺は大きな

図10・6　気仙隕石記念碑．高さ4〜5 mの筆者が知るかぎり日本最大の隕石記念碑である．碑の左手上方に長円寺の建物があり，カメラ位置の背後上方を国道45号線が通っている（2002年10月）．

寺で都市地図などにもその場所が記される[30, 31]．

10.6 岩手県・木村記念館
（水沢市星が丘町2-12，国立天文台水沢観測所構内）

国立天文台水沢観測所は昭和63年（1988）までは文部省緯度観測所として知られていた施設で，構内には初代所長の木村栄(ひさし)（1870-1943年）の記念館がある（図10・7）．

明治31年（1898）に国際測地学協会は国際共同緯度観測所を北緯39度08分の線上に6ヶ所開設し，1900年から5年間継続して緯度観測を実施することを決定した．この6ヶ所の中には日本が含まれ，明治32年（1899）12月，岩手県水沢町（当時）に文部省所轄の「臨時緯度観測所」が設置された．水沢を選んだのは気象・交通などの条件を考慮したためという．その後，緯度変化の研究には長年の観測が必要とされたことから，大正9年（1920）には「臨時」をはずし「緯度観測所」となった．木村は引き続き昭和16年（1941）まで所長を務め，1922年から1936年の間は国際緯度観測事業中央局長の任にもあった．

当初の水沢の観測は他の観測所と比較すると特異な値を示し，観測結果は外国から信用されなかった．明治35年（1902），木村は観測値の中にどこの観測所にも共通の年周変化があることを見出し，緯度変化の観測量・そのときの北極位置・観測地経度の関係を表す式に，観測地によらない定数項（時間的には変化する）を付け加えた．この定数項がZ項あるいは木村項と呼ばれるもので，この項を加えることにより各観測所における観測残差が減少し，特に水沢の精度は最良となって日本の観測が優れていることを世界に示した．木村栄はこれらの業績により学士院恩賜賞第1号，文化勲章（第1回）を受けている．

図10・7　木村記念館．入口前には木村博士の胸像が置かれる．現在の本館はカメラ位置の右手背後に，旧本館は左手に建っている（2003年3月）．

木村記念館は明治32年（1899）に臨時緯度観測所として建築された建物であり，観測所構内には大正10年（1921）建築の緯度観測所旧本館も残されている．記念館内には木村栄に関する資料（複製品が多い），緯度観測所の歴史に関する資料，緯度観測所で使用された観測機器などを展示している．水沢観測所はJR水沢駅から西南西へ1.2 kmのところで，徒歩20分ほどである．木村記念館など観測所の公開は毎週火曜日の午前，午後各2時間だが，事前に相談するとよいだろう．

水沢市立図書館（水沢市佐倉河字石橋51）には木村博士の展示コーナーが設けられ，彼に授与された勲章，英国王立天文学会ゴールドメダルなどが展示されている．同図書館2階には，臨時緯度観測所設立時から昭和2年（1927）まで使用され，Z項の発見をもたらした眼視天頂儀も展示されている[32〜34]．

10.7　宮城県・鹽竈神社の日時計（塩竈市一森山1-1，鹽竈神社境内）

東北の大社・鹽竈神社には，「海国兵談」などの著者として有名な江戸中期の経世論者，林子平（1738-1793年）が考案したとされる石造りの日時計がある．この日時計は幅68 cm，奥行80 cm，盤面の高さ72 cm（台座を含む），盤面には「紅毛製大東日晷」（日晷は日時計の意）と刻字があり，その他にも「寛政壬子春……献上」などの文字が読めるという．寛政壬子は寛政4年（1792）のことで，林子平が長崎に遊学した際に考案した日時計を，鹽竈神社へ献上したものと言われる（直接の製作者，献上者は子平ではない）．

日時計盤面には放射状に時刻線が刻まれ，30°の角度で斜めに鉄の棒を渡し，その影を読み取るようになっている（橋本万平の「日本の時刻制度」には「塩釜の緯度（38°）に相当する角度で鉄の棒を斜めに立て」と記されるが，少なくとも現在ではその角度は約30°である）．

古来，日本では西洋と比べて日時

図10・8　鹽竈神社の日時計（社殿前のレプリカ）（2002年10月）．

計の使用例が少なく，現存する古い日時計も少ない．この林子平考案とされる日時計は，現存する中では最古の部類に入るようだ．この日時計は，以前は社殿前にあったが，現在は境内の鹽竈神社博物館の中に展示され，社殿の正面にはその複製が置かれている（図10・8）[35]．

10.8　秋田県・秋田市千秋の天測点
（秋田市千秋北の丸2番，秋田和洋女子高校グランド敷地内）

前述のように（10.3節）旧日本海軍は，軍用および一般艦船の水路を開き航海の保安を図るために全国各地の海図作成を始めたが，当時は地図作成に必要な三角測量網が日本全土を覆っておらず，海図作成に際しては現地で天測を実施して天文経緯度を求めた．秋田市千秋の天測点は，海軍の水路部が大正7年（1918）にこの地域の海図を作成するために設置したものである．天測点の標石は一辺17cm，高さ45cmの四角柱で「経緯度測量点」，「水路部」，「大正七年五月」と刻まれている（図10・9）．

図10・9　秋田市千秋の天測点標石．崖の手前のフェンス際に埋設されていた．崖下（写真奥）は県立秋田北高校などが建つ千秋中島町方面である（2003年4月）．

なお，水路部では陸地測量部の測地測量（地図作成のための測量）の進展に伴い，大正11年（1922）からは日本本土における海図の経緯度値を天文経緯度から測地経緯度に改めた．その理由は天文経緯度では各地の鉛直線偏差の違いのために隣接海図との継ぎ目が合わず，海図編集作業も煩雑になるからである．

千秋の天測点標石が残っている秋田和洋女子高校のグランドは千秋公園（佐竹氏の居城久保田城跡）北方の丘の上にあり，かつては水道用濾過池だったという．3面ある水道用池の底面をそれぞれテニスコートなどに利用し，側壁はそのまま残されている．このうち最も西寄りの水道用池跡の北東端を下りて10〜20mほど笹藪の中を進むと天測点の標石があるが，当初の設置場所からは少

し移されているらしい．なお，和洋女子高の校舎（秋田市千秋明徳町2‐26）は，このグランドとは場所が異なっている[25, 36, 37]．

10.9 山形県・満月の碑（天童市小路1‐8‐16，佛向寺境内）

　月に関係した石碑というと二十三夜塔など月待ち信仰によるものを思いつくが，この「満月の碑」は表に須弥山説の月に関すること，裏に月の満ち欠け，七夕のことなどが記された珍しい碑である．石碑は高さ2.6 m（台石を含む），幅1.6 m，厚さ45 cmで，碑の上部に「満月」と刻題される（図10・10）．

図10・10　佛向寺の満月の碑．本堂に向かって右手前に建つ（2002年10月）．

　この石碑の由来はよくわからないが，弁良という僧の題によるもので，碑の表面には嘉永4年8月，裏面には嘉永5年3月との刻字があり，嘉永年間（1848〜1854年）の建立と思われる．碑文や建立年代などから推定すると仏教の宇宙観を大衆に周知させるために建立されたものかもしれない．佛向寺はJR天童駅の南南東750 mのところにあって，舞鶴山の北西麓に位置する．多くのガイドマップの類にも佛向寺の位置は記されている[38]．

10.10 福島県・北辰の碑（福島市鎌田字舟戸21，諏訪神社境内）

　北辰の碑は高さ約2.4 m，周囲93 cmの凝灰岩質の円柱石碑である（図10・11）．碑には「従是地北極三十八度太妙見北辰」と刻んであるというが，一部は剥落し，セメントで埋められている箇所もあってすべてを読むことはできない．この碑は慶応4年（1868）7月に地元の学者・板垣儀右衛門（観象台熊水と号す）がこの地の平安を願って建てたものと言われ，碑文の北緯38°（従是地北極三十八度）は，赤水図（11.1節）から福島の緯度を読み取ったと推定されている．

諏訪神社は福島市の北東にある無人の小さな神社で，阿武隈急行・福島学院前駅の南方750 mに位置する．国道4号線に面しており，国道に設置される276.9 kmと270.0 kmのキロポストの間にある．北辰の碑は社殿に向かって左側（西側）に建ち，碑のすぐ後ろが国道4号線である[39]．

図10・11　諏訪神社の北辰の碑．生垣の後方を国道4号線が通っている（2003年2月）．

10.11　福島県・会津藩校「日新館」天文台跡
（会津若松市米代1-1，市立謹教小学校東隣）

会津藩校日新館は，享和3年（1803），会津五代藩主の時代に5年がかりで鶴ヶ城（若松城）の西側に完成した．日新館には孔子を祀った壮大な大成殿を中心に，文武の学寮，文庫（図書館），水練水馬池（プール）などがあり，天文台も置かれていた．白虎隊の少年も日新館で学んでいる．

天文台は日新館の北西隅にあり，露台（観測台）基部の一辺22 m，台上で一辺10 m，高さ6 m余りで，天文暦学教育のために設けられたが，どのような人物がいて，いかなる観測を行なったかは知られていないようだ．天文台露台の南側半分が残っており，江戸時代の天文台遺跡で現存している唯一のものと思われる．また，日新館は慶応4年（1868）に戊辰戦争で焼失し，この天文台は日新館の現存遺構としても唯一のものになる（図10・12）．

図10・12　日新館天文台跡（会津若松市指定史跡）．露台（石垣）の上には小さな祠が建てられていた（2002年10月）．

この日新館天文台跡は，鶴ヶ城の西500 mのところで，謹教小学

10.11 福島県・会津藩校「日新館」天文台跡

校から道路を挟んで東側の住宅地の中にある．天文台跡は会津若松市の史跡に指定され，傍らには解説板も立っている．会津若松市北隣の河東町高塚山には，総面積12万5千m^2に及ぶ日新館全体を復元した「會津藩校日新館」というテーマパークがあり，この中には天文台も復元されている[23, 40]．

CHAPTER 11

関東地方

11.1 茨城県・長久保赤水誕生地と旧宅
　　　（高萩市大字赤浜774／高萩市大字赤浜3）

　長久保赤水（1717－1801）は水戸藩の地理学者で，伊能忠敬以前の正確な日本地図を製作した人物として知られる．伊能図は明治維新まで公開されなかったので一般には幕末まで赤水の地図が使用された．赤水は安永3年（1774），天象管闚鈔と呼ばれる独自の星座早見盤を出版している．この解説には，「これまでの全天星図では，時々の上下出没の様子がわからず，実際の星空と比較しようとしても何がなんだかわからない，それに引き替えこの図は……」（筆者意訳）などと，いまでも同じ思いのすることが書かれていておもしろい．

　JR高萩駅から国道6号線を北へ向かって約3km進むと赤浜の信号がある．

図11・1　左手の石碑が長久保赤水誕生地の碑．高さ1.1m，幅1.5m，厚さ30cm余り．大きな自然石の上に置かれていた．右手の小さな家屋は赤浜ストアーという食料品店である（2002年10月）．

図11・2　長久保赤水旧宅跡．敷地入口の奥，写真中央の瓦屋根の建物の前に「松月亭之碑」が建つ．ここから左右数10mにわたって立派な塀が続くが，その中に赤水の家があった．手前の道路は国道6号線で右手（南側）が東京方面（2003年2月）．

この交差点を右に（東へ）入り，旧道（旧陸前浜街道）をさらに200 mほど北上したところが赤水の生家跡で，ここに昭和62年（1987）に建立された赤水誕生地の碑がある．碑面には「長久保赤水誕生地」と刻まれ，彼の代表作である改正日本輿地路程全図（通称「赤水図」）が模刻されている（図11・1）．

　誕生地の碑から旧道をさらに約1 km北上すると北茨城市との境界近くで国道6号線と交わるが，その付近の旧道沿いから北側の国道沿いにかけてが赤水の旧宅跡である．付近には解説板や標識の類は建っていない．赤水の旧宅地内にはいまでも長久保家の一族が住んでいるが，当時の建物はあまり残っていないようだ．敷地北側の建物の前には「松月亭之碑」という立派な石碑が建てられている（松月亭とは赤水の隠居所の名）（図11・2）[18, 41, 42]．

11.2　茨城県・水戸藩校「弘道館」天文台跡
（水戸市三の丸1-6-51，市立三の丸小学校付近）

　水戸藩の藩校弘道館は天保12年（1841）にほぼ完成し，館内には文館，武館，医学館のほか天文台があり，天文暦学の教育が行なわれている．弘道館の図面には天文台や天文方の建物も示され，それらの位置はかなりよく特定できる．天文台は当時の弘道館敷地の南端にあり，現在の三の丸小学校グランドの南西寄りになるようだ．この天文台の業務は幕末の動乱により中止された．

　弘道館は国の特別史跡に指定され，現存している正門，正庁などの建物は国の重要文化財になっている（図11・3）．正庁内では天文台が記された当時の図面（写し）などを見ることができ，図面には天文台の露台も描かれている．三の丸小学校は，この弘道館に接して南側にある[23, 43, 44]．

図11・3　水戸弘道館正門（重要文化財）．この左手後方に三の丸小学校がある（2002年10月）．

11.3 栃木県・那須基線
（北端点：西那須野町千本松／南端点：大田原市実取889）

　明治11年（1878），内務省地理局は那須西原（栃木県西那須野町）に基線場を設けて，関東地方の三角測量を開始した．那須基線は本州における最初の本格的な基線で，基線の測定距離は10,628.310589 mであった．南端点には天文観測室が設置され，明治11年（1878）10月からの天体観測により緯度経度が決定された．緯度はタルコット法を用い，経度については経度基点である東京葵町の内務省地理局観測室（12.5.2項）との間に電信を通じ，両地点の時計を比較して，恒星の子午線経過時刻から経度差を決定した（いわゆる電信法）．なお，日本初の本格的な基線は，開拓使による明治6年（1873）の北海道勇払基線（9.5節）で，現在の国土地理院発行の地形図につながる全国測量の最初の基線は，明治15年（1882）の相模野基線（神奈川県）である．基線測量については鳥取県・天神野基線（15.1節）を参照されたい．

　那須基線の北端点は国道400号線に面した農業技術研究機構・畜産草地研究所（西那須野町千本松768）の正門前にあり，高さ90 cmほどに土を盛って芝生の植栽が施されている．北端点は「観象台」の名称で町の史跡に指定され，そばには解説板も立つ．南端点（図11・4）は，北端点から基線に沿って延びる真っ直ぐな道（通称「たて道」，「ライスライン」）が大田原市に入って左にカーブし始めた直後の右手（南西側）にあり，大田原市実取と親園の境界付近になる．南端点のすぐ脇には三角点が設置されているので，地形図で場所を特定することは容易である[18, 45]．

図11・4　那須基線南端点．近くに立つ解説板では名称が「観象台」となっていた．石材で覆われた中に南端点があり，基線は写真右方に向かって延びる．写真右端に白い小杭が見えるが，そこに三角点がある（2002年10月）．

11.4 千葉県・伊能忠敬出生地と旧宅
(山武郡九十九里町小関854／佐原市佐原イ1899)

改めて記すまでもなく、伊能忠敬(1745‐1818年)は天体観測に基づき正確な日本地図を完成させた人物であるが、彼は延享2年(1745)に当時の上総国小関村に生まれている。出生地は千葉県の史跡に指定され、ここには昭和12年(1937)に建立された出生地の碑がある(図11・5)。また、碑の隣地には伊能忠敬記念公園と呼ばれる小さな公園が整備され、園内には象限儀(天体の高度を測る器械、西洋の四分儀に相当)の傍らに立って天空を指さす忠敬の像が置かれる。

図11・5 伊能忠敬出生地の碑。碑面には「伊能忠敬先生出生之地」と刻まれる。碑の右手後方に伊能忠敬記念公園がある(2002年11月)。

宝暦12年(1762)、忠敬は17歳のときに佐原の名家伊能家の婿養子になり、香取郡佐原村に移り住んだ。佐原市には伊能忠敬の旧宅が残っており(図11・6)、小さな川を挟んで向かい側には伊能忠敬記念館がある。どちらも佐原の観光名所で、旧宅は国の史跡に、記念館に収蔵されている渾天儀(天体の位置観測のための器械、天体の位置や動きの説明にも用いた)や象限儀など忠敬の遺品は、国の重要文化財に指定されている。記念館に展示してある象限儀、垂揺球儀(天体観測用の精密な振り子式計時カウンタ)、測食定分儀(日月食の進行状況の測定器)などはほとんどが複製品であるが、いずれもよくできている(実物は収蔵庫に保管)。

図11・6 伊能忠敬旧宅(国指定史跡)。橋の手前(写真左手)に伊能忠敬記念館がある(2002年10月)。

忠敬は隠居の後，寛政7年（1795），50歳のときに江戸へ出て高橋至時に師事し，本格的に天文学の勉強を始めた（12.2節）．彼はその5年後の寛政12年（1800），全国測量の第一歩を踏み出している[10, 18, 46]．

11.5　神奈川県・金星太陽面通過の観測記念碑と観測台
（横浜市西区紅葉ヶ丘9-1，県立青少年センター前／西区宮崎町39／中区山手町(やまて)178，フェリス女学院中・高等学校内）

　明治7年（1874）12月9日の金星の太陽面通過の観測は，金星の三角視差を求めるために地球上のできるだけ離れた2点で実施する必要があった．アメリカやフランスは日本以外にもオーストラリアやニュージーランドなどに観測隊を派遣したが，メキシコは時間的な余裕がなく，日本だけで観測を行なうことになった（14.6節，17.4節）．メキシコ隊はフランシスコ・ディアス・コバルービアスを隊長とする2班が，山手（現・横浜市中区山手町）と野毛山(のげやま)（現・西区宮崎町）で観測を行なった．当日横浜は雲1つない快晴に恵まれ，観測は大成功であったという．メキシコ隊には日本の水路寮（海軍水路部の前身）の技術士官が付き添い，天体観測技術を学んでいる．

　この観測からちょうど100年経った昭和49年（1974）12月9日，神奈川県内のアマチュア天文グループの運動により野毛山の観測地近くの県立青少年センターに，「金星太陽面経過観測記念碑」と題した石碑が建立された．この記

図11・7　金星太陽面経過観測記念碑．碑の左手後方に神奈川県立青少年センターの建物がある（2002年9月）．

図11・8　メキシコ隊が使用したと伝えられる観測台石．台石の傍には1974年に「金星太陽面経過観測台石」と刻んだ石標が建てられた（2003年2月）．

念碑は高さ1.7 m，幅1.8 mの大きなもので，紅葉坂の通りに面して置かれている（図11・7）．野毛山の観測地そのものは，現在は私邸になっていて（西区宮崎町39，宮崎氏宅），ここにはメキシコ隊が観測に使用したと伝えられる台石が残されている．この台石は直方体の石材を組み合わせて造られ，全体の大きさは65 cm四方，高さは33 cmである（図11・8）．

　また，山手の観測地であるフェリス女学院中・高等学校（中区山手町）には，同じく1974年12月に高さ50 cmほどの「金星太陽面経過観測地点」という小さな石標が建てられた．この石標は学校敷地の南東端近くにあり，山手本通りに面した門の外からも見ることができる[47, 48]．

11.6　神奈川県・デイビス天測点
（横浜市中区山手町99，横浜地方気象台構内）

　明治14年（1881）から明治15年（1882）にかけて，米国海軍は東アジアにおいて第二子午線測量を実施している．第一子午線を英国のグリニッジを通過する子午線とし，世界各地の経度を測定して各地の標準子午線を確定する計画であった．

　日本での観測は，海軍少佐F.M. グリーンを隊長にC.H. デイビス，J.A. ノーリスの3名が実施し，長崎（ノーリス天測点）と横浜（デイビス天測点）の経度を求めている．この2つの天測点の経度値が東京麻布のチトマン点に導かれ，海軍観象台経度，日本経緯度原点経度が決められた（12.6節）．

　デイビス天測点があった場所は，現在の横浜地方気象台建物の南西隅付近（気象台露場の南東側）になるというが，長崎のノーリス天測点と同様にデイビス天測点の跡は残されていない（図11・9）[49, 50]．

図11・9　デイビス天測点跡．左手の建物が横浜地方気象台で，建物右端のすぐ手前がデイビス天測点の位置だという（2002年11月）．

CHAPTER 12

東京地方

12.1 江戸幕府の天文台跡

　江戸時代には幕府公設の天文台がいくつも開設されているが，当時の天文台は暦を造るための天体観測を行なう天文台で，造暦が終了すると廃止されるのが普通であった．以下，幕府の主な天文台を紹介する．

1) 渋川春海（はるみ）の天文台（墨田区，二之橋付近）

　貞享改暦（貞享2年（1685）施行）の功により幕府の初代天文方となった保井春海（やすい）（12.3節）は，元禄2年（1689）11月に天文台の地を本所二つ目先に拝領し，ここで観測を行なった．これが江戸に天文台が置かれた最初と言われるが，幕府公設としてよいかどうかは問題があるようだ．天文台の詳しい位置もわかっていないが，清澄通（きよすみどおり）の二之橋（もと本所二つ目橋）付近になるらしい（図12・1）．

　二之橋は隅田川に合流する竪川（たてかわ）にかかる橋で，墨田区の両国4丁目，緑1丁目，千歳3丁目，立川（たてかわ）1丁目の境界にあり，都営地下鉄大江戸線の両国駅と森下駅のちょうど中間になる[23]．

図12・1　渋川春海の天文台跡付近．二之橋を北側（両国4丁目側）から撮影したもの．二之橋上の高架は竪川に沿って走る首都高速7号線である（2002年9月）．

2) 宝暦（ほうれき）改暦の天文台（千代田区神田佐久間町2・3丁目付近）

　貞享暦施行から60年を経た頃，八代将軍・徳川吉宗は西洋天文学による改暦（宝暦の改暦）を行なおうと考え，延享3年（1746）12月，神田佐久間町に天文

台を開設した（現・千代田区神田佐久間町2・3丁目付近）．敷地面積はおよそ8,000 m^2 で，高さ約5 m，基部が18 m四方の露台（観測台）が設けられていた．

神田佐久間町2・3丁目はJR総武線・秋葉原駅と浅草橋駅の間にあり，天文台敷地の中央を総武線が通っているという．現在はビル街になって昔の面影はない．この天文台は宝暦の改暦作業が終了した宝暦7年（1757）に廃止された．宝暦暦は宝暦5年（1755）から施行されたが，なんら西洋天文学の成果が取り入れられることなく失敗に終わっている（宝暦改暦については14.2節も参照）[23, 51]．

3）浅草天文台（台東区浅草橋3丁目）

明和2年（1765），幕府は宝暦暦修正のため天文台を牛込の光照寺門前の火除地に建設した（現・新宿区袋町6番地，日本出版クラブ会館付近）．宝暦暦の失敗に懲りたためか幕府は天象を常時記録する常設天文台の必要を認め，この天文台は暦修正の終了後も廃止されることなく，天明2年（1782）に浅草へ移された．浅草の天文台構内には高さ9 mほどの露台が築かれ，葛飾北斎の富嶽百景「鳥越の不二」にも大きく描かれている（鳥越は天文台周辺の地名）．

寛政の改暦（寛政10年（1798）施行）の際には，高橋至時（12.4節），間重富（14.5節）などがここで観測を行なった．文化8年（1811）には天文台に蛮書和解御用という洋書翻訳機関も置かれ，当時の学術研究の中心となる．この浅草天文台は幕末まで存続した．

浅草天文台の位置は，現在の台東区浅草橋3丁目19・21・22・23・24番にあたると言われる．JR総武線・浅草橋駅の北方500 m付近で，現在は蔵前4丁目交差点南側のビル街になっている（図12・2）．なお，台東区が設置した案内石標（蔵前1丁目交差点北東側の歩道など数ヶ所にある）では，浅草天文台は江戸通に面した浅草橋3丁目20番の位置に記さ

図12・2　浅草天文台跡付近．蔵前1丁目交差点北東側から浅草橋3丁目方向を撮影したもの．ビル群の裏手が浅草橋3丁目19・21・22・23・24番になる（2002年9月）．

れている[23, 51, 52]．

12.2 伊能忠敬の観測所（江東区門前仲町1丁目）

　伊能忠敬（1745‐1818年）は，満49歳のときに家業（酒造業など）を長男に譲って隠居し，翌寛政7年（1795）に住居を佐原村（現・千葉県佐原市）から江戸・深川黒江町へ移した（11.4節）．ここで忠敬は高橋至時（12.4節）の門下生となり，念願の天文暦学を学ぶことになる．彼は各種の観測機器を自費で購入し，自宅観測所で天体観測に励んだ．忠敬は自宅観測所と浅草天文台の間の緯度差と実距離から地球の大きさを得ようとしたが，師の高橋至時から距離が短く誤差が大きいことを指摘され，緯度1度の正確な距離を求めることを目的の1つとして，寛政12年（1800）に蝦夷地測量へ出発する（第一次測量）．

　文化元年（1804），忠敬は天文方高橋景保の手附として幕臣に登用され，これ以降彼の測量は幕府公式の事業となった．忠敬の地図測量の真骨頂は入念な天測を取り入れたことで，彼の「測量日記」には17年間の全測量日数3,753日のうち，1,335日に天測の記録があるという．また，彼の測量隊が使用した御用旗には「測量方」の文字が染め抜かれているが，忠敬自身は自分の肩書きを「公儀天文方」で通したと言われる．

　黒江町の自宅観測所は現在の門前仲町1‐18‐3付近にあたり，この地には江東区教育委員会が建立した「伊能忠敬住居跡」の碑がある．場所は葛西橋通りに面した浅井そろばん塾前の歩道上で，都営地下鉄大江戸線・門前仲町駅の北北西200 m付近になる（図12・3）[10, 18, 23, 46]．

図12・3　伊能忠敬宅跡（江東区登録史跡）．中央の2階建ての家屋が浅井そろばん塾．その前に高さ1.3 mほどの住居跡の碑が建っている（2002年9月）．

12.3 渋川春海の記念碑（品川区北品川4-11-8，東海寺大山墓地）

渋川春海（1639-1715年）は，もと保井春海，さらに前は安井算哲と言い，最初の日本暦法である貞享暦を完成させた天文暦学者である．彼は「天象列次之図」「天文分野之図」などの星図の作者としても著名で，春海が作製した天球儀3基は国の重要文化財に指定され，国立科学博物館などに収蔵されている．

大山墓地は東海寺本堂（北品川3-11-9）から北西へ300 mほど離れ，東海道本線と東海道新幹線に挟まれた三角地になっている．ここに渋川家初代の春海を始め，日本最後の太陰太陽暦となる天保暦（天保15年（1844）施行）を完成させた9代景佑（1787-1856年）など，渋川家歴代の墓が並んでいる．大山墓地はかなり広いが春海の墓は墓地北西の塀際にあり，すぐ後ろを新幹線が走っている．春海の墓は品川区の史跡に指定され，墓碑の脇に従四位を追贈されたときの記念碑がある（図12・4）[18, 42, 53]．

図12・4 渋川春海の追贈記念碑（左）と墓碑（中央）（品川区指定史跡）．記念碑は高さ65 cmの小さなものである（2002年9月）．

12.4 高橋景保顕彰碑（台東区東上野6-18，源空寺墓地）

源空寺（東上野6-19-2）は，高橋景保，その父の高橋至時，至時の弟子の伊能忠敬の墓所である．景保の墓碑の傍には昭和10年（1935）に彼の顕彰碑が建立されている（図12・5）．

高橋景保（1785-1829年）は父・至時の後を継ぎ幕府天文方を務め，伊能忠敬の上役として全国測量の完遂に力を尽くした．景保は多才の人で語学・地理学分野での業績も多く，蛮書和解御用（12.1.3項）を設置せしめるなど政治的手腕もあった．

高橋至時（1764-1804年）は江戸時代屈指の天文暦学者で，間重富（1756-1816年）とともに寛政の改暦（寛政10年（1798）施行）を成功させている．寛政暦は日本で初めて西洋天文学の成果を取り入れた暦法である．

源空寺は東京地下鉄銀座線・稲荷町駅の北北東400 mほどのところにあり，寺の墓地は道路を挟んで南側である．墓地入口のすぐ左手（東側）に高橋景保の顕彰碑と墓が，その奥（南側）に至時の墓，その隣に伊能忠敬の墓がある．忠敬と至時の墓が隣り合っているのは，師の傍らに葬って欲しいという忠敬の遺言による．高橋至時と伊能忠敬の墓は国の史跡に指定され，立派な解説板が立っている[10, 18, 42, 54]．

図12・5 高橋景保顕彰碑．「為天下先」と題された高さ2mほどの石碑である（2002年9月）．

12.5　明治時代初期の天文台

明治初期には海軍，内務省，文部省がそれぞれの目的で天文台（観象台，測量台）を設置していた．これら3つの天文台は明治21年（1888）に海軍観象台の敷地・施設を引き継ぐ形で統合され，当時の麻布区飯倉町に文部省管轄の東京天文台（現・国立天文台）が設立された．

1）海軍観象台（港区麻布台2-2-1，日本経緯度原点付近）

明治7年（1874），海軍の水路寮（海軍水路部の前身）は東京の飯倉町に水路事業上の必要から観象台（天文台と気象台を併せたようなもの）を設置し，ドイツのメルツ社製16 cm赤道儀，同じくドイツのレプソルド社製14 cm子午環，同13.5 cm子午儀などの観測機器を備えた．この海軍観象台の位置は現在の日本経緯度原点の周辺で，明治21年（1888）からは東京天文台となった場所である（12.5.4項）[25, 52, 55]．

2）内務省地理局の測量台（千代田区千代田，皇居東御苑内）

内務省地理局は，明治10年（1877）から編暦業務を担当することになり，溜池葵町（現・港区虎ノ門2丁目，ホテル・オークラ付近）の地理局構内で天象観測を行なっていた．地理局はイギリス・トロートン社製の20 cm屈折赤道儀を購入したが，司天編暦のためには天文台の設立が必要と主張し，明治13年（1880）に地理局測量台（天文台）が江戸城の天守台跡（図12・6）に築かれ

ることになった．旧幕時代には暦面上の時刻は京都を通る子午線を基準としていたが，徐々に東京時が普及し始め，明治13年（1880）の暦からは，この江戸城天守台跡における地方平均太陽時が用いられるようになる（東経135度が日本の標準時子午線とされたのは明治21年（1888）から（14.7節））．

図12・6 江戸城天守台跡（2002年10月）．

なお，内務省地理局の測量部門は明治17年（1884）に参謀本部測量局へ統合され，陸地測量部を経て，第二次大戦後は国土地理院として現在に至っている．

皇居東御苑（江戸城本丸，二の丸）は広大な庭園になっており，月曜日と金曜日を除き毎日公開されている．天守台跡は東御苑の北西隅にあり，北桔橋門から入ればすぐ正面に見える[51, 52, 56〜60]．

3）文部省の観象台（文京区本郷7丁目，東京大学構内）

明治11年（1878），文部省は教育上の必要から本郷本富士町の東京大学（帝国大学となるのは明治19年（1886）から）構内に，東京大学理学部観象台を設立した．主な観測設備は15 cm赤道儀，6 cmの子午儀であった．この観象台の位置は現在の東京大学工学部7号館の東端付近になるという．理学部観象台は明治15年（1882）に気象部門を分離して天象台となった後，明治21年（1888）に東京天文台へと発展していく[52, 56]．

4）旧東京天文台（港区麻布台2-2-1，日本経緯度原点付近）

明治21年（1888）に海軍，内務省，文部省系の各天文台が統合され，海軍観象台の地に東京天文台（当時は帝国大学理科大学附属）が発足した．創立当時の主要な設備は地理局から移管された20 cmトロートン赤道儀，海軍水路部から引き継いだ16 cmメルツ赤道儀，14 cmレプソルド子午環，13.5 cmレプソルド子午儀（いわゆる大子午儀）などである．20 cmトロートン赤道儀は，いまでは国の重要文化財として国立科学博物館に展示されている．また，14 cmレプソルド子午環が設置されていた場所は日本経緯度原点（旧東京天文台子午

環中心，次節参照）となり，13.5 cm レプソルド子午儀が置かれていた場所は，現在も理科年表などで東京の経緯度の位置（旧東京天文台大子午儀中心跡）として採用されている．

東京天文台は，その後東京帝国大学附置，戦後は東京大学附置などと冠称は変わったが，昭和63年（1988）に文部省直轄の国立天文台となるまでの100年間，「東京天文台」の名称で活躍してきた．この麻布の天文台用地は施設充実に伴う狭隘化と周辺の市街化のため，大正3年（1914）からほぼ10年かけて北多摩郡三鷹村（現・三鷹市大沢，いまの国立天文台がある場所）へ移転した（12.10節）[52, 55, 56]．

12.6　日本経緯度原点（港区麻布台2-2-1）

日本経緯度原点は旧東京天文台（もと海軍観象台）子午環の中心位置で，この付近一帯が麻布時代の東京天文台跡である（前節参照）（図12・7）．経緯度原点は石造りの立派なもので，中央に原点位置を示すマークがあり，傍にはこれも立派な石造りの解説碑がある．この地点が日本の経緯度原点となったのは，明治25年（1892）に陸地測量部（国土地理院の前身）が，東京天文台にあった子午環の中心位置を原点と定めてからである．

経緯度原点の経度決定の歴史は明治7年（1874）のダビドソン博士らの観測に始まる．明治7年12月9日の金星の太陽面通過観測のために日本を訪れていたアメリカ観測隊のダビドソン，チトマンらは，日本の要請で東京の経度決定のための天測を実施した（17.4節）．このときの東京の天測点（海軍観象台（12.5.1項）構内）が，いわゆるチトマン点である．その

図12・7　日本経緯度原点（港区指定史跡）付近．このあたりが旧海軍観象台，旧東京天文台跡地で，昭和35年（1960）までは東京大学天文学教室があった場所でもある．中央右手の石碑は経緯度原点の解説碑，その奥に原点がある．後方の建物は東京アメリカンクラブ（2002年7月）．

CHAPTER12 東京地方

後明治14年（1881）にはアメリカ海軍のグリーン，ノーリス，デイビスが，長崎（ノーリス天測点）の経度を精測し，さらにノーリス天測点の経度から横浜（デイビス天測点）の経度を求めた（11.6節）．海軍省水路局（水路寮の後身）では，これらの経度とそれまでに得られていた長崎・東京間の経度差を基に，チトマン点の天文経度をより精確に求め，明治19年（1886）に海軍観象台の経度として告示した（告示の時点では，水路局は海軍水路部と改称されている）．明治25年（1892）に陸地測量部では，この値を東京天文台（明治21年までは海軍観象台）の子午環中心に移したものを経緯度原点の経度として採用した．この経度値は後に修正されるが，それについては12.9節に記す．チトマン点の位置は子午環から東へ約5 m，南へ約3 mだという．

緯度については明治9年（1876）に海軍観象台の大伴兼行（後に肝付に改姓）が，やはり海軍観象台構内（いわゆる肝付点）で天文緯度を精測した．これを子午環位置に移した値を原点の緯度として用い，この値は平成14年（2002）4月の世界測地系採用まで使われた．

日本経緯度原点は港区麻布台2-1-1のロシア大使館から200 mほど南にあり（ロシア大使館の裏手），東京アメリカンクラブの建物の東側に接している．現地には看板も立っているが，途中に案内標識はほとんどない[18, 50, 52]．

12.7　ローエル居住地跡（港区赤坂4-2）

図12・8　ローエル居住地跡付近．赤坂4-2付近の一ツ木通りを撮影．中央右手の鳥居のようなものは赤坂不動尊への入口（2002年9月）．

アメリカの天文学者パーシバル・ローエル（1855-1916年）は，火星の研究者，冥王星の発見に関与する人物として知られているが，火星の研究を始めるまでは日本研究家として活躍していた（13.6節）．彼は明治16年（1883）から明治26年（1893）までの10年間に4度にわたり来日し，滞在の通算期間は約3年に及んでいる．その間，日本についての詳細な研究

を行ない，日本および東洋に関する多くの著書を出版した．1892年（明治25）8月の火星大接近を契機に火星研究への夢が膨らみ始めたようで，同年12月の最後の訪日の際には，当時としては大望遠鏡のオーバン・クラーク製15 cm屈折望遠鏡をアメリカから持ち込んでいる．彼はこの望遠鏡を自宅の庭に据え，星を眺めたという．

このローエルの居住地は現在の港区赤坂4丁目2番（号までは特定できない）と言われ，いまでは一ツ木通りに面した繁華街となっている（図12・8）．彼は明治26年（1893）11月に日本を離れた後，翌1894年にアメリカ・アリゾナ州にローエル天文台を設立して火星の研究に没頭するのであった[61]．

12.8 東京海洋大学の旧天体観測所（江東区越中島2-1-6，東京海洋大学・越中島キャンパス（海洋工学部）内）

東京海洋大学・越中島キャンパス（旧東京商船大学）の正門を入ってすぐ左手（北側）に，八角形のレンガ造りの建物が2棟建っている．1棟は赤道儀室（第一観測台）もう1棟は子午儀室（第二観測台）で，明治36年（1903）に建設された日本における現存最古の天文台建築らしい（図12・9）．建築面積は2棟とも同じ（約30 m²）だが，赤道儀室は2階建てで丸い天体ドームが載っており，子午儀室は平屋で八角錐形の屋根である．これらの建物は明治35年（1902）に東京商船学校（東京商船大学の前身）が現在地に移転した際，施設充実の一環として計画が進められた．内部には赤道儀（口径15〜18 cm）と子午儀を設置し，航海天文学の研究・教育に使用していたが第二次大戦直後に撤去されている．なお，現存する国立天文台最古の20 cm赤道儀室（第一赤道儀室）の建設は大正10年（1921）である（12.10節）[62]．

図12・9 東京海洋大学の旧天体観測所（第一観測台）（登録有形文化財）（2002年9月）．

12.9 水路部測量科天測室跡（中央区築地5丁目）

　海軍水路部は明治21年（1888）に「海軍」の冠称を廃し，単に「水路部」と呼ばれるようになった．明治43年（1910）に築地に新庁舎を構え，翌明治44年，構内東端に測量科天測室を設置した．この天測室で水路部技師中野徳郎らは，大正4年（1915）から大正6年（1917）にかけて日本の経度確定のための再観測を実施し，東京天文台大子午儀（12.5.4項）の経度を求めた．この経度は大正7年（1918）に文部省から東京天文台大子午儀の中心経度として告示され，それに伴い日本経緯度原点（12.6節）の経度も修正された．このときに修正された経度が，平成14年（2002）4月の世界測地系採用まで使われている．

　現在この天測室は残されていないが，天測室の位置はいまの東京都中央卸売市場（築地市場）正門前の交差点付近になるという（図12・10）．ここは都営地下鉄大江戸線・築地市場駅からすぐのところで，交差点には築地市場正門の大看板が立っている．昭和8年（1933）には天測室子午儀台の位置に標識が埋められ，その由来を記した銅板（経緯度基点標由来）が水路部の外壁に掲げられた．この銅板碑は現存しており，海洋情報資料館（中央区築地5-3-1，海上保安庁海洋情報部内）に展示されている．なお，水路部は第二次大戦後には海上保安庁水路部となり，平成14年（2002）4月に海上保安庁海洋情報部と改称された[18, 25, 50]．

図12・10　水路部天測室跡付近．築地市場正門を北側から撮影（2002年11月）．

12.10 国立天文台（三鷹市大沢2-21-1）

　大正13年（1924）に麻布から三鷹へ移転した東京天文台（12.5.4項）は，昭和63年（1988）に「文部省・国立天文台」，平成16年（2004）から「自然科学研究機構・国立天文台」となった．国立天文台本部のある三鷹キャンパスは常時公開され，三鷹地区で最も古い第一赤道儀室（大正10年（1921）建設），65

cm 屈折望遠鏡がある大赤道儀室（大正15年（1926）竣工），太陽分光写真儀室（太陽塔望遠鏡，昭和5年（1930）完成）などが見学コースになっている．これら3つの建物はいずれも国の登録有形文化財である．大赤道儀室は国立天文台歴史館として内部も公開され，昭和4年（1929）に納入された65 cm屈折赤道儀の他，明治8年（1875）

図12・11　国立天文台大赤道儀室（登録有形文化財）（2003年2月）．

のトロートン・シムズ社製子午儀などを見ることができる（図12・11）．

なお，明治21年（1888）の東京天文台発足時に編暦・報時業務が内務省地理局（12.5.2項）から東京天文台へ移されているが，この業務は国立天文台にも引き継がれている．「暦書編製，中央標準時の決定および現示」は国立天文台の事務とされ，暦要項の発表や暦象年表の編集・発行を国立天文台が担当している[52, 56, 63]．

12.11　日食供養塔
（西多摩郡奥多摩町原5番地，奥多摩水と緑のふれあい館敷地内）

「奥多摩水と緑のふれあい館」の敷地に全国にもあまり例のない日食供養塔がある．日食供養塔は自然石を多少整形したような高さ120 cmほどの石に，「日食供養塔」の文字と直径15 cmの「日輪」が彫られている（図12・12）．奥多摩には「日食は村に疫病が流行るのを，お天道様が代わりに病んで下さった」という伝承が残っており，このお天道様を供養したものだという．碑面には寛政11年（1799）の刻字があるので，この頃に造られたものと思われる．

図12・12　奥多摩の日食供養塔（2002年9月）．

奥多摩水と緑のふれあい館は，奥多摩湖を造る小河内ダムのそばにある郷土と水源に関する資料館で平成10年（1998）に開館している．建物の裏手（北東側）一帯は「石碑の小道」として整備され，たくさんの石碑が並ぶ．日食供養塔は元は奥多摩町字大原の門覚寺の前にあったというが，現在はこの「石碑の小道」沿い（ふれあい館の北隅）に置かれている[64]．

CHAPTER 13

中部地方

13.1 新潟県・三条市の皆既日食観測記念碑
（三条市東大崎，大崎山公園）

　明治20年（1887）8月19日の日食は新潟県から福島県・茨城県にかけて皆既食帯が通り，専門家と一般市民多数が観測している．皆既帯の幅は約220 km，その中心は新潟県三条市，栃木県黒磯市，茨城県高萩市付近を結ぶ線上にあった．この皆既日食ではコロナの写真撮影が実施され，外国からも観測隊が来日するなど，我が国で最初の近代的な日食観測となった．福島県の白河ではアメリカ・アマースト大学教授のD.P. トッド（9.1.1項），栃木県の黒磯付近で帝国大学（東京大学の前身）星学科教授の寺尾寿（ひさし）（後に初代東京天文台長），栃木県の宇都宮では内務省地理局（12.5.2項）が観測を行なったが，いずれも悪天候のため満足な結果は得られていない．

　ここ新潟県東大崎村（現・三条市）では，地理局次長の荒井郁之助（1836 - 1909年）一行が観測を行なった．荒井は旧幕臣だったが明治5年（1872）に開拓使（9.5節）へ出仕し，その後測量部門で活躍している．明治12～13年（1879～1880）には長崎・東京間の経度差を求めるなど日本経緯度原点の経度決定に関係する観測を行ない，後に中央気象台（気象庁の前身）の初代台長も務めた．荒井がこの地を選んだ理由は夏季には新潟の天候が優れ，西に位置した方が皆既継続時間がわずかに長く太陽高度も高いためである．また，専門家の観測地が交通事情の良い日本の東部に集中していたので，観測地を拡大して悪天候による観測失敗を防ぐことも考えていた．この配慮は見事に功を奏し専門家の観測地としては日本でただ1ヶ所，この地だけが皆既時の写真観測に成功した．

　観測地の永明寺山（ようめいじやま）には，この日食観測の記念碑が残されている．記念碑は高

さ1m，幅70cm余りの石碑で，表面には「観測日食碑」の題字と記念碑建立の由来が，裏面には「明治二十年九月　内務省地理局」と刻まれている．この碑は大崎山公園・頂上広場のほぼ中央にあり，高さ1.6mほどの石垣を組んだ土盛の上に置かれている（図13・1）．永明寺山（標高123m）は上越新幹線・燕三条駅の東南東6.5kmにあって，山頂の南西側

図13・1　永明寺山の観測日食碑（三条市指定史跡）．後方の白い看板がこの日食観測の解説板である（2003年7月）．

が頂上広場（大崎山公園の南西地区）である．記念碑は三条市の史跡に指定され，その位置は地形図や道路地図にも記されている[49, 65〜68]．

13.2　新潟県・出雲崎の天測点
（三島郡出雲崎町尼瀬1592，妙福寺境内）

　この天測点は水路部が明治21年（1888）に出雲崎付近の海図を作成するための経緯度の基準点にしたもので（10.8節，16.3節），本州の日本海側では，境（鳥取県，明治17年），七尾（石川県，明治20年）などの天測点とともに古いものに属する．経度は東京麻布飯倉の海軍観象台（12.5節）を基準に，両地の時刻を電信で比較して測定された．

　この天測の標石が出雲崎町尼瀬1592（通称岩船町）の妙福寺境内に残されている（図13・2）．妙福寺は旧国道352号線沿いの高台の上にあり，出雲崎港を正面に見下ろす場所である．標石は高さ約50cm，一辺21〜22cmの四角柱で，境内北西端（本堂から見て左手前

図13・2　出雲崎の天測標石（2002年7月）．

方)の崖の端に置かれている．標石には「経緯度測定標」「水路部」「明治廿一年八月」の刻字がある[57, 69, 70]．

13.3　富山県・石黒信由顕彰碑（新湊市高木245-1）

　石黒信由（1760-1836年）は，江戸時代後期の代表的な和算家・測量家で，天文学方面でも活躍した．現在の新湊市高木の庄屋の家に生まれ，西村太沖（次節参照）に入門して天文暦学を学んでいる．文政2年（1819），加賀藩の命により加賀，越中，能登の測量に従事し，この地方の精確な地図を作成した．彼の地図は内陸部を含む実測図で，伊能忠敬の地図（こちらは基本的に沿岸図）に並ぶものと言われる．ただし地域図なので忠敬の日本地図（12.2節）とは異なり，天測を利用することはなかったようだ．天文関係では農耕の便のために「耕耘暦」と呼ばれる農事暦を作り，この暦は明治に入るまで使用されたという．

　信由の生地，新湊市高木には大正7年（1918）に建立された彼の顕彰碑がある．「高樹石黒翁碑」（高樹は信由の号）と刻題された高さ4mに達する大きな石碑で，高木農村公園という小さな公園の真ん中に建っている（図13・3）．碑の後方には信由以下，石黒家4代の遺品を収めていた高樹文庫の旧建物があるが，現在はこれらの遺品のうち多数が国の重要文化財，県文化財に一括指定され，新湊市博物館（新湊市鏡宮299）に収蔵・展示されている．天文関係の主な資料には，江戸時代の星図類，日時計類，遠眼鏡，正時版符天機（垂揺球儀と同じ構造の時計）などがある．

図13・3　高樹石黒翁碑．碑の左後方の建物が高樹文庫の旧建物（2003年6月）．

　新湊市博物館は国道8号線と472号線の立体交差点にあり，隣は道の駅（カモンパーク新湊）なのでわかりやすい．顕彰碑が建つ高木農村公園は，JR北陸本線・小杉駅（射水郡小杉町）の北北西約2.5kmにある．博物館から国道472号線を行けば，南方約1kmの高木交差点を100mほど右手へ（北西へ）入っ

たところになる [10, 18, 42, 71, 72].

13.4　富山県・西村太冲顕彰碑
（東礪波郡城端町野下1669，城端神明宮境内）

　江戸時代有数の天文暦学者・西村太冲（1767‐1835年）は，越中の城端（加賀藩領）に商家の蓑谷家長兵衛の子として生まれた．17歳の頃，京都へ出て西村遠里（1718‐1787年）から天文暦学を学ぶ．その後，大阪の麻田剛立の門に入り，27歳の頃に故郷へ帰った．西村遠里は当時一流の暦学者で，当初は宝暦の改暦（宝暦5年（1755）施行）にも加わっている．太冲は遠里の没後，門人たちに推されて遠里の跡を継ぎ，西村姓を名乗った．

　太冲は寛政11年（1799）から金沢の加賀藩校明倫堂で天文学を講じるが，1年ほどで辞し，城端で医業を営みながら天文暦学の研究・観測を続けた．およそ20年の後（文政4年（1821））再度加賀藩に仕え，加賀藩士・遠藤高璟らとともに時刻制度の改正や金沢地区の測量に参画し，金沢を基準とする毎年の略暦を編纂した．天文暦学に関する著書が多数ある．当時の加賀藩の時法は，7つ半と6つの間にほぼ半時の長さの「余時」と呼ばれる時間を挿入した独特のものであった．文政6年（1823），遠藤高璟，西村太冲らは江戸と同様の時法にしようとしたが評判が悪く，再び「余時」を用いることにしている．

　昭和9年（1934），城端神明宮境内に太冲の顕彰碑が建立された．碑面には太冲と同じ旧加賀藩領出身の木村栄（次節参照）の筆により，「贈正五位西村太冲先生碑」と刻まれている（図13・4）．城端神明宮はJR城端線の終点，城端駅の南南西1.3 kmのところにあり，道路地図などにも記されている比較的大きな神社である．

　西村太冲の家は城端町中心部の善徳寺前交差点の北東70 mにあ

図13・4　西村太冲の顕彰碑．台座を含めて高さ3.7 mほどで，参道屈曲点の突き当たりに建つ．写真右方向に神明宮の本殿が，カメラ位置の背後に参道入口がある（2003年6月）．

った．東町通り（県道21号線）に面する民家の壁面には，城端町教育委員会による「西村太冲宅跡」の解説板が掲げられている[10, 18, 42, 54, 71, 72]．

13.5 石川県・木村栄生誕地（金沢市泉野町3丁目）

緯度研究で知られる天文学者・木村 栄(ひさし)博士（10.6節）は，明治3年（1870），現在の金沢市泉野町3-18-16にあった資産家篠木家の次男として生まれた．篠木家の分家にあたる近所の木村民衛には実子がなく，博士は2歳のときに木村家の養子となっている．木村夫妻のもとで博士は厳格な教育を受けて育った．

現在，生誕地には金沢市が平成5年（1993）に建立した記念碑がある（図13・5）．場所はJR金沢駅の南3.5kmの住宅地で，碑は「ささのゆ」という公衆浴場の入口に置かれる．ここは泉野町3丁目18番，19番，2丁目16番，17番の境界となる四つ角にあたり，市街図を頼りにすれば容易に探し出せる．また，金沢市立ふるさと偉人館（金沢市下本多町6-18-4）には，木村博士の展示コーナーがあり，建物入口脇には博士の胸像も置かれる[18, 73]．

図13・5 「木村栄博士生誕の地」碑．高さ1.2m，幅80cmの石碑で，碑の後方は「ささのゆ」の入口である（2003年6月）．

13.6 石川県・ローエル顕彰碑
（鳳至郡穴水町川島井61-1，キャッスル真名井(まない)敷地内）．

穴水港に面した高台，由比ヶ丘にあるキャッスル真名井（穴水町国民保養センター）の一角に，アメリカの天文学者パーシバル・ローエル（12.7節）の顕彰碑がある（図13・6）．ローエルは明治22年（1889）に能登半島を訪れており，穴水は能登旅行の終わりの地であった．当時彼が外国人のほとんど立ち入らない能登を訪れようと思い立ったのは，東京の自宅で日本地図を眺めていて能登半島の地形や「NOTO」の響きに興味をもったためらしい．顕彰碑はローエル天文台のあるフラグスタッフ市と親善交流を行なっている穴水町が，交流

CHAPTER13 中部地方

図13・6 ローエル顕彰碑.ローエルと穴水町の関係が英文と和文で記されている.左端の石碑は穴水町による「星空のまち」の碑である(2003年7月).

の縁となった彼の功績を伝えるため昭和56年(1981)に作った.

　碑は高さ約2 m,ステンレス製の枠をアルファベットのA字形に組み,解説板を取り付けたものである.碑のA字形は,穴水のAとアメリカのAを,また,ローエルが能登を訪れたときに不思議な海上構築物として驚いて,わざわざ船を着けて登ったというボラ待ち漁のヤグラの形をも表現している.キャッスル真名井は,のと鉄道・穴水駅の東南東1.4 kmにあり,碑はその敷地の南東端に建つ[74, 75].

13.7　石川県・根上隕石落下地(能美郡根上町大成町ホ4-1)

　平成7年(1995)2月19日朝,根上町大成町の民家の駐車場に停めてあった自動車に隕石(コンドライト)が落下しているのが発見され,隕石が車に穴をあけたと話題になった.落下した時刻は石川県,富山県などで火球が目撃された18日23時55分頃と考えられている.隕石は衝突時に破砕し全量を回収できなかったが,最大片は重さ325 g,長さ6 cm,幅6.5 cm,破砕前の総質量は500 g程度と推定される.落下2.7日後に隕石の放射線測定が開始され,半減期が短い同位元素も明瞭に検出された.日本では落下後短期間のうちに放射能測定ができることが多く,世界の研究者から羨望の目で見られているという.

図13・7 根上隕石落下地記念碑.カメラ位置のすぐ背後は道路で,そこには根上隕石の看板も立っている(2003年7月).

164

平成8年（1996），根上隕石の落下地に記念碑が作られた．場所はJR北陸本線・寺井駅の東方200 m，寺井駅から南東に延びる駅通りを150 m進み，大成町交差点を左へ（北東へ）100 m余り歩くと左手に見える．高さ1.6 mほどの変わった形の石造りの碑である（図13・7）．また，根上学習センター（大成町ヌ111）には根上隕石に関する展示があり，隕石が落下して後部トランクに穴があいた自動車も置かれている[76〜78]．

13.8　山梨県・星石
（東八代郡御坂町竹居区室部，竹居地区コミュニティセンター）

　御坂町の竹居地区コミュニティセンター（室部公民館）の敷地に，太陽，月，星，彗星が彫られているという珍しい石がある．この石は地元では「お星さんの石」と呼ばれ，長さ（幅）1.3 m，高さ35 cm，奥行き50 cmほどの閃緑岩質の石である．石の表面には，左端に太陽と月，中央の広い範囲に25個の星と2個の尾がついた星，右端に文字が刻まれている（図13・8）．

　太陽と思われるものは直径約10 cmの線刻の円で，月は太陽よりも一回り大きく，月齢24の頃の形に全体が彫り込まれている．星は直径1 cmほどの穴を深く彫ったもので，星々の中には北斗七星，かんむり座と見える配置がある．彗星と思われるものは星から棒状の線刻が延び，その先端は多少太く広がっている．文字は「八百萬神」「一道禅流」と彫られているというが，かすれて読みづらい．

図13・8　御坂町の星石．カメラ位置の背後にコミュニティセンターの建物がある．センターは坂を登りきったところにあり，大きな鉄塔が建っているので目印になる（2002年9月）．

　この石は地元の中村良一，川崎市の宮田豊，神戸市の長谷川一郎の諸氏により研究され，長谷川氏は尾を引いた星は慶長12年（1607）のハレー彗星を刻んだものではないかと考えた．また「かんむり座は昔から竈に見立てられているので，竈が賑わう豊作を祈願するために作られたのではないか」と言う人も

いる．この石については作られた年代もわからず不明な点が多いので，詳細は今後の研究を待たなければならない．

　県道36号線から分岐する県道305号線を八代町側から走っていくと，ちょうど八代町と御坂町の境界にあるT字路に「星石」の標識が出ている．標識に従って右折し，道なりに400～500 m進むとコミュニティセンターの小さな建物がある．星石はこの建物の正面に置かれる[79～81]．

13.9　三重県・刻限日影石（員弁郡員弁町笠田新田）

　刻限日影石は，弘化4年（1847），笠田大溜の水を利用する笠田新田と大泉新田の争いを解決するため，水路の分岐点に立てられた日時計の一種である．この日影石は石柱とその日影を受けるための受石から成り，配水の切り替え時刻である7つ半（いまの16時30分～18時30分頃）を，日影の位置から求めて池の水を分配したと伝えられる（図13・9）．

　一辺40 cm弱，高さ60 cmほどの石柱の正面には「刻限日影石」，側面には「従日之出　七ツ半時迄　大泉新田」「従七ツ半時　日之出迄　笠田新田」と水の分配方法が刻まれる．受石の中央には「七ツ半」の刻字がある．太陽の南中時刻（正午）を決める日時計の類はいくつもあるが（次節の日時計石や16.6節の正午計など），正午以外の特定の時刻（この場合7つ半）を求めるものは珍しい．ただし7つ半の日影の位置は季節によって大きく変わる．このことを含めて日影石の具体的な使用法はわかっていないようだ．また，現在の石柱と受石が並んでいる方向についても疑問が残る．刻限日影石は三岐鉄道北勢線・上笠田駅の北東1.4 km付近にあって，笠田大溜に向かって北上する一車線道路の大溜の手前約100 m，道路脇（東側）に置かれる[82, 83]．

図13・9　員弁町の刻限日影石（三重県指定有形民俗文化財）．石柱の奥の水平に置かれている石が日影の受石である（2002年3月）．

13.10　三重県・日時計石（名張市新田区，新田公民館）

　員弁町の刻限日影石（前節参照）に似たものが名張市にもある．この地区では寛永年間（1600年代前半）に新田開発が行なわれたときから，限られた水を公平に分配するため，日出，正午，日没で配水先を切り替えたという．日時計石は33 cm平方ほどの石板の表面に幅1 cm強の溝を南北に刻み，角柱を立てたものである（図13・10）．この柱の影により太陽の南中時刻（正午）を知り，配水が行なわれてきた．

図13・10　名張市の日時計石．石板の中央部はカマボコ状に少し盛り上がっている（2002年4月）．

　日時計石は元は新田用水路のそばに置かれていたが，平成10年（1998）の高尾水路大改修の際，市立美旗(みはた)小学校（名張市新田117‐2）南西隣の新田公民館敷地内に移された．美旗小学校は近鉄大阪線・美旗駅の東北東600 mに位置する[84]．

CHAPTER 14

近畿地方

14.1　滋賀県・国友一貫斎屋敷（長浜市国友町）

　国友藤兵衛（1778-1840年）は号を一貫斎と言い，国友鍛冶総代を務める一方，江戸時代屈指の発明家として活躍した．彼は空気銃，反射望遠鏡など多くの物を製作し，自作の反射望遠鏡で月，太陽，惑星の観測を行なってスケッチを残している．彼の屋敷が「国友鉄砲の里資料館」（国友町534）から北へおよそ100 mのところにある（図14・1）．また，国友町会館脇（一貫斎屋敷からさらに北へ50 m）には一貫斎の顕彰碑もある．顕彰碑は高さ約4 mの大きな石碑で，村人が彼の功績を讃えて昭和17年（1942）に建立した[85]．

図14・1　国友一貫斎屋敷．入口には「國友一貫齋翁邸址」の碑が建つ（2002年3月）．

14.2　京都府・梅小路天文台跡（京都市下京区梅小路西中町，円光寺付近）

　梅小路天文台の主であった安倍家は，平安時代の安倍晴明（10世紀頃）以来，代々天文道を受け継いできた家柄である．室町時代に居住地にちなんで土御門と称し，以後，安倍，土御門の両姓が用いられた．戦国時代，土御門家は戦乱を避け，領地であった若狭国の名田荘（福井県遠敷郡名田庄村）に移っていたが，慶長5年（1600）に京都へ戻り梅小路に住んだ．この頃は天文台を築いて本格的に観測することはなかったらしい．

169

CHAPTER14　近畿地方

　土御門家は暦道・天文道を支配する陰陽頭の職を永く務めているが，江戸時代最初の改暦である貞享改暦（貞享2年（1685）施行）以後は，幕府天文方が編暦の実権をもち，土御門家は全国の陰陽師の統括と暦に関する慣例的な手続を担当した．

　京都・梅小路で天文観測が実施されたのは，貞享改暦に際して陰陽頭の安倍泰福（1655‐1717年）が，保井春海（12.3節）とともに圭表儀を据えて観測したのが最初と言われる．圭表儀とは垂直に立てた棒の日影の長さを測り，造暦の際の基本である冬至・夏至の日時を決定するための機器である．天文台の広さは宝暦改暦（宝暦5年（1755）施行）の頃に約3000坪，周囲を高塀で囲み，天文台，役所などが置かれたという．

　梅小路天文台があった場所は現在の円光寺一帯にあたり，同寺の本堂前の庭に置かれた石の基盤（一辺約1.4 m）は，宝暦改暦当時の渾天儀の台石を移したものと伝えられる（図14・2）．

　円光寺近くの梅林寺（梅小路東中町）には，安倍泰邦（1711‐1784年）が作った圭表台石と言われる石が残る（図14・3）．この石の側面には「寛延四年五月」「安倍泰邦製」と刻まれているが（寛延4年は西暦1751年），安倍泰邦とは当時の陰陽頭で，宝暦暦を編纂した人物である．宝暦の改暦（12.1.2項）に際しては，土御門家（朝廷側）が幕府へ移っていた暦編纂の実権を一時的に

図14・2　円光寺の渾天儀台石．手前左側に見える×印形の溝が刻まれた石板が台石である．写真右側には円光寺の本堂が写り，カメラ位置の背後が円光寺の入口である（2003年10月）．

図14・3　梅林寺の圭表台石．73 cm四方の分厚い石板で，中央に孔を開け十字形に溝が刻んである．梅林寺中庭の灯籠の足下にあり，梅林寺の門前からも見ることができる（2003年10月）．

取り返している．圭表台石は梅林寺の門を入ったところに置かれるが，これも原位置から移されたものである．

円光寺はJR東海道本線・西大路駅（京都駅の1つ大阪方）の北東約500 m，御前通(おんまえどおり)に面して西側にある．市街図にも記されているが，それほど大きな寺ではない．梅林寺は安倍氏が若狭から京都へ戻ってからの菩提寺で，御前通を挟んで円光寺の向かい側，北方70～80 mのところにある．門前には「土御門殿御菩提所梅林寺」と刻まれた小さな石標が建つ[10, 23, 42, 54, 86～89]．

14.3　京都府・三条改暦所跡（京都市中京区西ノ京西月光町）

寛政の改暦（寛政10年（1798）施行）に際して幕府は京都に測量所を設置したが，これが三条改暦所である．京都に測量所を設置した理由は，改暦に際して名目上暦を司る朝廷（土御門家（前節参照））のもとで天測検証することが先例になっていたからである．改暦所の面積は約2,000坪，子午線儀（天体の子午線通過を観測する装置），象限儀(しょうげんぎ)，圭表(けいひょう)，垂揺球儀(すいようきゅうぎ)などの機器が置かれ，仮設の露台も作られたようだ．伊能忠敬の日本地図は，ここ三条改暦所を通る経線を中度（本初子午線）としている．三条改暦所は当時の天文台の多くがそうであったように，改暦作業の終了とともに廃止された．

三条改暦所の場所はJR嵯峨野線（山陰本線）・二条駅の西南西約400 m，現在の月光稲荷大明神（西ノ京西月光町14）北側付近だと言われる．月光稲荷は姉小路通（御池通の南150 mで御池通に平行）の北側に面し，西ノ京東月光町との境界近くにあるが，小さな無人の社なので近所の人に尋ねる方が早いだろう（図14・4）[23, 42, 46, 82, 90, 91]．

図14・4　三条改暦所跡付近．ほぼ真北に向かって撮影している．手前のトタン屋根（駐車場）のすぐ奥に写っている鳥居が月光稲荷．鳥居と駐車場の間の狭い通りが姉小路通でJR二条駅は写真右方（東方）になる（2003年10月）．

14.4 大阪府・麻田剛立顕彰碑
(大阪市天王寺区夕陽丘町5-3, 浄春寺境内)

　江戸時代屈指の天文暦学者麻田剛立(あさだごうりゅう)(1734-1799年)は,豊後の杵築藩(大分県杵築市)に生まれ,幼少の頃から天文に興味をもって天体観測や天文暦学の研鑽を積んだ.長じて藩主の侍医となるが藩主に従っての参勤交代や大阪への旅で落ち着かず,天体観測・暦学研究が思うに任せなくなった.三度にわたる辞任の願いは許されることなく,安永元年(1772),ついに故郷を去って大阪へ移り住んだ.大阪では医を業としつつ天文学の研究を続け,居宅(先事館と称す)は天文塾となって全国から多くの門人が集まった.

　幕府は寛政の改暦(寛政10年(1798)施行)に際して剛立をその任に充てようとしたが,高齢に加えて彼が固辞するだろうことを知り,高弟の高橋至時(よしとき)と間重富(はざましげとみ)に命を下した(次節参照).剛立は大阪への出奔について処分を下さなかった杵築藩主に強く恩義を感じ,二君に仕えることはできないと考えていたようだ.剛立は高橋至時,間重富の他,西村太冲(たちゅう)(13.4節)をはじめ高名な弟子を多数育て,その影響を全国に及ぼした.

　剛立の墓碑は戦災などにより無残なものとなっていたが,昭和41年(1966),天文関係者,科学史学会,日本医学史学会の協力により,麻田剛立翁顕彰事業発起人会が発足し,募金が開始された.この事業により麻田剛立の顕彰碑と新しい墓碑が完成し,昭和42年(1967)に除幕式が行なわれた.顕彰碑と墓碑は高さ120～150 cmほどで,浄春寺境内の南西側墓地の中ほどに並んで建つ(図14・5).浄春寺は市営地下鉄谷町線・四天王寺夕陽ヶ丘駅の西170 mにある[10, 92, 93].

図14・5　麻田剛立顕彰碑(左)と墓碑(中)(2002年3月).

14.5 大阪府・間重富の天文観測地
(大阪市西区新町2丁目,市営地下鉄長堀鶴見緑地線・西大橋駅出口)

　江戸時代の町人天文学者,間重富(はざましげとみ)(1756 - 1816年)は,大阪の豪商(質商)の家に生まれ,兄たちが早世したので若くして家督を継いだ.もと羽間(はざま),号を長涯(ちょうがい)という.若い頃から暦学を学び,天明7年(1787)頃には麻田剛立の門に入る(前節参照).剛立の弟子の中でも特に優れ,寛政7年(1795),その知識を見込まれ幕府天文方御用で出府した.江戸・浅草天文台で観測に従事し,高橋至時(よしとき)とともに寛政の改暦を成し遂げている.その後,大阪に帰ってからも天文方の依頼を受け自邸で観測を続けた.讃岐の久米通賢は彼の門弟の一人である(16.2節).

　重富の観測所があった自邸の近くには「間長涯天文観測の地」と刻まれた石碑が建つ.この碑は高さ2mほどで,昭和35年(1960)に大阪市の市政施行70周年を記念して造られた(図14・6).碑は長堀通の広い中央分離帯の道路沿いにあり,地下鉄西大橋駅3番出口(自転車駐車場出口)を出てすぐのところである.残念ながら彼の自邸があった場所とは少し位置がずれているらしい.なお,間一族の墓が大阪市天王寺区茶臼山町1 - 31,統国寺内にある[23, 42, 92].

図14・6　「間長涯天文観測の地」碑(2002年3月).

14.6　兵庫県・金星過日測検之処碑
(神戸市中央区諏訪山町,諏訪山公園内)

　この石碑は明治7年(1874)12月9日の金星太陽面通過の観測記念碑で,長崎で観測したジャンサン率いるフランス観測隊の別隊が残したものである.太陽面通過当日の長崎は天候が悪く,写真撮影は像が薄くて不満足な結果に終わった(17.4節).これに対して神戸は晴れ,15枚の太陽面通過の写真を得ている.長崎の悪天候を心配して神戸の諏訪山に観測隊を派遣したジャンサンの配慮は見事に功を奏した.

碑は諏訪山公園の南側入口（中央区山本通4丁目側）から坂道と階段を登りきった広場の北端にあり，直径60 cm，高さ160 cmの円柱形の大きなものである（台座を含めると高さ260 cm）．碑面には「金星過日測檢之處」の刻字の他，フランス観測隊長のジャンサン，諏訪山での観測者のドラクロワ，清水誠の名前などが日仏両語で刻まれている（図14・7）[48, 94, 95]．

14.7　兵庫県・最初の標準時子午線標識
（明石市天文町2-2／神戸市西区平野町黒田）

東経135度の子午線が日本の標準時子午線として使用されたのは明治21年（1888）1月1日からで，この標準時子午線の最初の標識を建てたのは明石郡小学校校長会の人々であった．明治43年（1910）に「大日本中央標準時子午線通過地識標」と刻んだ石標を当時の明石郡明石町と平野村に建立している．本来，標準時子午線としては天文経度を用いるべきだが，このときに石標を建てた位置は陸地測量部の地図による測地経度135度の地点である．

図14・7　金星過日測検之処碑．北側（裏側）から撮影したもの．南側にはフランス語の刻字がある（2002年3月）．

図14・8　最初の標準時子午線標識．この写真は明石市天文町のもので，高さは2.5 mほどである．標石左手の建物が子午線交番．神戸市西区平野町のものは，これよりも一回り小さいが同様のものである（2002年6月）．

14.8 兵庫県・明石高校の天測台とトンボ標識

この2つの石標はともに現存して旧明石町の石標は現在の明石市天文町2丁目2番の大蔵交番（愛称：子午線交番）脇に，旧平野村の石標は現在の神戸市西区平野町黒田にある．旧明石町のものは昭和3年（1928）の天測（次節参照）に基づき，天文経度135度の地点に移された．その後，道路拡幅工事のため約7mほど北に移設され，現在の場所にある（図14・8）．

旧平野村のものは，県道83号線の神姫バス・黒田バス停から100mほど三木市寄りの道路脇（南東側）にあり，国道175号線との分岐点（西戸田交差点）から三木市へ1.7kmの地点にあたる．この石標も原位置から動いているようだ[96〜98]．

14.8　兵庫県・明石高校の天測台とトンボ標識
（明石市荷山町(にやまちょう)1744, 県立明石高校内／明石市人丸町2-6, 明石市立天文科学館）

昭和3年（1928），明石市教育会は御大典記念事業として標準時の子午線標識を正確な位置に建て替えることを計画し，子午線通過地の決定を京都帝国大学・地球物理学教室の野満隆治(のみつりゅうじ)（1884-1946年）博士に依頼した．この天測は同年7月下旬から旧制明石中学校（現・県立明石高校）の校庭で実施されている．現在，明石高校敷地の西隅に残るコンクリート製の観測台はこのときに使用されたものである．観測台は高さ85cm，幅90cm，奥行60cmの直方体で，「観測臺記」と題された由来を記す銅板が埋め込まれている．

この観測の結果，日本の標準時子午線（天文経度135°の子午線）は，人丸山，月照寺境内（現在の明石市立天文科学館の裏手）を通ることがわかり，昭和5年（1930）に新標識（トンボ標識）が建てら

図14・9　トンボ標識.
上部には日本（あきつ島）を象徴するトンボ（あきつ）が載せられている．トンボ標識背後の大きな塔が現在の子午線標識（子午線塔）である（2002年6月）.

れた．このトンボ標識は昭和26年（1951）の再天測に基づき11 mほど東に移設され，現在は天文科学館の子午線塔（高さ54 mの大時計塔）真北の崖上に立っている（図14・9）[96]．

14.9　奈良県・益田岩船（橿原市見瀬町1656）

　益田岩船は，長さ11 m，高さ5 m，幅8 mの巨大な石造物で，橿原ニュータウン（橿原市白橿町）の南に隣接する丘の中腹にある．下から見上げただけでは大きな岩にしか見えないが，上部に1辺1.6 m，深さ1.3 mの四角形の穴が2つ穿たれ，人工物であることがわかる（図14・10）．

　この岩船は灌漑用に造られた益田池（現在はない）の完成記念碑の台石であると古くから伝承されてきた．空海（774-835年）が碑文を記したと伝えられる記念碑そのものは，後年石材として持ち去られたという．その後多くの人によって研究が行なわれ，古墳石室の加工途中での放置説，占星台説，物見台説，日没観測台説などの多数の説が提案されている．占星台説は京都の藪田嘉一郎氏によって発表されたもので，天武天皇の飛鳥占星台（14.13節）であるという．また日没観測台説は斉藤国治氏によるものである[99, 100]．

図14・10　益田岩船（奈良県指定史跡）．下から見上げたところ（2002年4月）．

14.10　奈良県・高松塚古墳の星宿図（高市郡明日香村平田）

　高松塚古墳は直径約18 m，高さ約5 mの円墳で，石槨内部に人物像などの鮮やかな壁画が描かれていることで有名になった（図14・11）．古墳は盗掘を受けているが南壁以外の壁画は無事で，人物像や四神図（南壁の朱雀を除く玄武，白虎，青龍）の他に，天井には二十八宿の星宿図が，東壁と西壁には，日像，月像が残されている．7世紀末から8世紀初めの古墳と推定されるが被葬

14.11　奈良県・キトラ古墳の天井天文図

者は確定していない．

　現在，古墳は保存のため密閉・空調されてその内部を見ることはできないが，近くの高松塚壁画館内には精巧な複製が展示され，石室や壁画の様子を知ることができる．古墳は昭和48年（1973）に国の特別史跡に，壁画は翌年に国宝に指定された[101]．

図14・11　高松塚古墳（国指定特別史跡）（2002年4月）．

14.11　奈良県・キトラ古墳の天井天文図（高市郡明日香村阿部山）

　キトラ古墳は直径13.8 m，高さ3.3 mの二段築成の円墳で，高松塚古墳（前節参照）とほぼ同時期の7世紀末から8世紀初めに造られたと推定されている（図14・12）．平成10年（1998）3月の第二次調査により，石槨の天井部に星図が描かれていることが判明した．高松塚古墳のものとは異なり，キトラ古墳の星図には二十八宿以外にも多数の星座が描かれ，赤道，黄道も記されている．また，高松塚と同様に東壁に日像，西壁には月像があり，四神図も存在する．ただし人物像は描かれていない．

　この古墳も密閉されていて内部を見学することはできない．高松塚古墳のような展示館もないので，内部の壁画について知るには出版物に頼ることになる．キトラ古墳は平成12年（2000）に国の特別史跡に指定された[102, 103]．

図14・12　キトラ古墳（国指定特別史跡）．保存のためか上部には防水シートが被せてあった（2002年4月）．

14.12　奈良県・中大兄皇子の漏刻台跡 (高市郡明日香村付近)

　日本書紀，斉明天皇の6年 (660) 5月の条に「皇太子，初めて漏刻を造る」とある (皇太子とは中大兄皇子，後の天智天皇)．この漏刻 (水時計) の遺構と考えられているのが，水落遺跡である (図14・13)．

　水落遺跡 (明日香村水落) は昭和47年 (1972) の発掘調査で，周囲を石溝で囲んだ楼閣状建物の存在が推定されていた．昭和56年 (1981) の調査により地下に銅管や木樋が検出され，中大兄皇子が造ったと言われる漏刻の遺構だと発表された．奈良文化財研究所・飛鳥資料館 (明日香村奥山601) では，この漏刻の復元模型を展示している．

図14・13　水落遺跡 (中大兄皇子の漏刻台跡?) (国指定史跡) (2002年4月)．

　しかし，漏刻は少量の水の循環で運用が可能で，からくり装置でも付属していないかぎり導水路を用いるような大量の水は必要としない．このため水落遺跡を漏刻遺構とすることに異を唱える説もある[104〜106]．

14.13　奈良県・天武天皇の飛鳥占星台 (高市郡明日香村付近)

　天武天皇は占星術に優れ，天武4年 (675) 正月5日，飛鳥地方に初めて占星台 (天文台) を築いたと言われる (日本書紀，天武4年正月の条)．この飛鳥占星台の場所については諸説あり，正確にわかっていない (図14・14)．

図14・14　飛鳥浄御原宮跡．
飛鳥浄御原宮は天武天皇の宮である．この付近に占星台が置かれていたのだろうか．なお，この場所は伝飛鳥板蓋宮跡 (国指定史跡) と言われていたが，上部遺構は浄御原宮とほぼ確定されている．その下層に板蓋宮が遺されているらしい (2002年4月)．

日本書紀の天武13年（684）7月壬申（23日）に「彗星，西北に出づ．長さ丈余」との記録がある．これは日本最初のハレー彗星の記録とされているが，あるいはこの占星台から観測したのかもしれない[99, 104]．

14.14　和歌山県・畑中武夫博士の記念碑
（新宮市神倉3‐2‐39，県立新宮高校内）

　この碑は戦後の日本天文界のリーダーで電波天文学の発展に尽くした畑中武夫博士の記念碑である．畑中博士は大正3年（1914）に，いまの新宮市に生まれ旧制新宮中学校（現・県立新宮高校）を経て，東京帝国大学天文学科卒業の後，昭和28年（1953）に東京大学教授となった．天体物理学を専攻し，星の種族・元素合成・銀河の進化に関する武谷・畑中・小尾の理論（THO理論）は，我が国の恒星進化に関する研究の発展へつながる．電波天文の分野では第二次大戦後すぐに観測グループを作って太陽電波観測を始め，日本の電波天文学の基礎を築いた．さらに日本における宇宙観測ロケット計画の組織作りにも尽力するなど多方面で活躍したが，昭和38年（1963）に49歳で急逝した．

　博士の記念碑がある新宮高校はJR紀勢本線・新宮駅の南西約1kmのところにあり，碑は正門を入って左手（西側）奥に建っている．記念碑は，幅2.7 m，高さ1.7 mの自然石を石組みの台座に載せた大きなもので，碑面には博士の書から採った「われら地球人」の文字と，博士の略歴を刻んだ石板が埋め込まれている（図14・15）．この碑は新宮中学時代の博士の級友や，アマチュア天文家の田阪一郎氏らの努力により完成し，新宮ライオンズクラブから新宮高校へ寄贈された．除幕は昭和54年（1979）6月である[10, 107～109]．

図14・15　畑中武夫博士の記念碑．新宮高校の正門はカメラ位置の背後左手にあり，写真の右方向（北側）手前に校舎が建つ（2002年3月）．

CHAPTER 15

中国地方

15.1 鳥取県・天神野基線 （北端点：倉吉市北野／南端点：倉吉市鴨河内）

　天神野基線は，明治21年（1888）に陸地測量部が測定した測量の基線である．54日間かけて測定された基線長は3,301.8051 mであった．陸地測量部は明治21年（1888）に発足し，第二次大戦終了まで日本の地図作成を担当していた陸軍参謀本部の機関で，現在の国土地理院の前身にあたる．

　陸地測量部は，その前身の参謀本部測量部の時代（明治10年代）から，三角測量による本格的な日本地図作りを行なったが，三角測量の利点は三角形の一辺の長さを正確に測定すると，あとは角度の観測だけで全国に測量網を延長できることにある．しかし全国に三角測量網を延長すると基線から離れるとともに誤差が増大する．この誤差を補正するため，明治15年（1882）から明治44年（1911）にかけて日本国内の14ヶ所に基線を設け，地図の精度向上に利用した．天神野基線はこの基線の1つである．

　基線長の測定には，100万分の1という気の遠くなるような精度（1 kmで1 mmの誤差）が要求された．この他に水準測量，方位角の測定などを実施して一連の作業が終了する．陸地測量部の測量師にして「一度は行くべし，二度とやるべき仕事にあらず」というほど過酷な測量だったらしい．陸地測量部が

図15・1　天神野基線南端点付近から北端点方向を望む．真っ直ぐな道（県道237号線）が北端点付近までおよそ3.5 km続く．基線場跡の特徴的な風景である．カメラ位置の背後約150 mに一等三角点「焼林村」がある（2003年10月）．

行なった全国14ヶ所の基線測量では，基線の一端で天文緯度（天体を観測して求めた緯度）を測定しているが，さらに天文経度を測って測地経緯度との比較を行なった箇所もあるという．

　天神野基線の北端点はJR山陰本線・倉吉駅の南西約6.3 km，鳥取県自動車学校南側付近にあたる．北端点は昭和7年（1932）の再測量により北側へ約213 m移動したが，移設後の北端点は平成10年（1998）までは一等三角点「天神野」の位置に相当していた（現在この三角点は171 m南へ移されている（県道237号線沿い東側））．南端点は移設後の北端点から県道237号線に沿って3.5km南西方，倉吉市鴨河内・中田の一等三角点「焼林村（やきばやしむら）」付近で，県道沿いの空き地の中にある（図15・1）．両地点ともに基線端点を示すような標石・標識は見あたらない[18]．

15.2　島根県・美保関隕石落下地（八束郡美保関町惣津（みほのせき））

　美保関隕石（みほのせき）は平成4年（1992）12月10日21時30分頃，美保関町惣津の2階建ての民家に落下した重さ6.4 kgの石質隕石（コンドライト）である．この隕石の破壊力はすさまじく，2階の屋根に穴をあけ，2階と1階の床を貫いて地面まで落下した．落下地の松本優氏宅前には，隕石落下2周年の平成6年（1994）12月に記念碑が建立された．記念碑は高さ2.4 m，幅3.2 mの現代的なモニュメントである（図15・2）．

　美保関町の多目的施設「メテオプラザ」（美保関町大字七類（しちるい）3246-1）の4階には「メテオミュージアム」（隕石博物館）があって，美保関隕石の実物，落下時に破壊された瓦，床板など，美保関隕石の関連資料を展示している．隕石が家屋を貫通した様子も模型で示され興味深い．メテオプラザは隠岐へのフェリ

図15・2　美保関隕石記念碑．記念碑後方の家屋が隕石が落下した松本氏宅で，記念碑の正面（西側）は道路を隔ててすぐに日本海（玉結湾）である（2003年10月）．

ーが出発する七類港のターミナルを兼ねる大きな建物である．

　美保関隕石の落下地は，JR境線の終点・境港駅（鳥取県境港市）のほぼ真北2.9 km，日本海に面した惣津地区の中にある．前述のメテオプラザから県道37号線を西へ約1.6 km行くと惣津地区への入り口があり，ここに落下地を案内する看板が立っている．記念碑は松本氏宅前の道路に面して建っているので見つけやすい[77, 110～112]．

15.3　岡山県・本田實の記念碑（上房郡賀陽町，黒岩山山頂，星尋山荘）

　第二次大戦前からの新天体捜索家である本田實（1913-1990年，倉敷市名誉市民）は，生涯に彗星12個，新星11個を発見している．その観測地は，広島県福山市の旧瀬戸臨時黄道光観測所（旧国際天文同盟黄道光部中央局）から倉敷天文台（次節参照）へ移り，その後，倉敷市街の発展に伴う環境の悪化により倉敷市周辺の各地を点々とした．

　晩年の10年間は賀陽町岨谷の黒岩山に観測所を建てて捜索活動に使用し，ここで彼は4個の新星を発見した．観測所は星尋山荘と名付けられたが，星尋山荘とは星にものを尋ねるという意味で，星に対して謙虚な本田氏らしい命名である．

　平成3年（1991）4月，この星尋山荘建物の南西側に彼の功績を讃え，地元有志により記念碑が建立された．記念碑は，高さ65 cm，幅1.2 mの分厚い石板で「本田實先生新星発見の地」と刻される（図15・3）．星尋山荘が建つ黒岩山は，岡山自動車道の賀陽インターチェンジ料金所を基点に東から南へ30°の方向，4.6 kmの地点にある．地形図には「黒岩山」の記載はないが，381 mの標高点が記されている山である．星尋山荘はその山頂に建ち，記念碑は山荘の西側に置かれる[113]．

図15・3　本田實記念碑．左手に一部写っている建物が星尋山荘である．碑の裏面には「星尋山荘」と題された本田氏の詩が刻まれる（2003年10月）．

15.4　岡山県・財団法人倉敷天文台（倉敷市中央2-19-10）

　倉敷天文台は全国初の民間天文台として大正15年（1926）に誕生し，一般市民，天文ファンに開放された．日本における公開天文台の第一号である．天文台は原澄治氏（倉敷紡績の重役）の私財により開設されたもので，創設時の台長は山本一清（京都帝国大学・宇宙物理学科教授）（1889-1959年），当時国内第二位の口径を誇る32 cm反射望遠鏡を備えていた．昭和16年（1941）からは本田實（前節参照）も台員を務めている．倉敷天文台は第二次大戦後には財団法人を設立して運営が続けられ，現在に至っている．

　ここには創設当時の天体観測室が現存し，いまでも公開観望会で使用されている（図15・4）．敷地内には昭和27年（1952）に建設された天体ドームもあり，現在はこの建物を原澄治・本田實記念館として利用している．記念館では倉敷天文台の歴史や本田氏関連の資料を展示し，創設当時に設置された32 cm反射望遠鏡（倉敷市指定重要文化財）も置かれる．倉敷天文台は市街図にも記されているが，JR倉敷駅のほぼ真南1 km，市立美術館の南方150 mのところにある．記念館の開館日は毎週，月，水，金（祝日を除く）の13時～17時だが，見学者は事前に問い合わせをする方がよいだろう[114]．

図15・4　倉敷天文台観測室（登録有形文化財）（2003年10月）．

15.5　岡山県・源平合戦水島古戦場の碑
　　　（倉敷市玉島柏島，水玉ブリッジライン玉島料金所近く）

　寿永2年（1183）閏10月1日，この地で源氏と平氏が戦い源氏側が敗北したと伝えられる．この古戦場の碑は昭和58年（1983）に水島での源平合戦800年を記念して建立されたものだが，碑文には「時将に寿永2年（1183）閏10月1日　壮烈な海上戦となって源氏方が惨敗海の藻屑と化した　空には日蝕が現れ西風の強い日であった」と日食のことが記されている．

この日食は金環日食で，水島では金環食またはそれにきわめて近い部分食が見られた．日食のことは源平盛衰記（巻33，水島軍の項）には「天俄に曇りて，日の光も見えず，闇の夜の如くに成りたれば，源氏の軍兵ども日食とは知らず，いとど東西を失って船を退きて，いづちともなく風に従って逃れ行く．平氏の兵どもは，かねて知りにければ，いよいよ時（の声）をつくり，重ねて攻め戦う」

図15・5　源平合戦水島古戦場の碑．白く写っている石柱が正碑で，その左手の大きな石板が副碑である．カメラ位置の背後崖下を水玉ブリッジラインが通る（2003年6月）．

と記されている．「闇の夜の如く」は大げさにしても，平氏側は日食のあることを知り源氏側は知らなかったようで，戦いの結果に日食が影響したらしい．

　古戦場の碑は，山陽新幹線・新倉敷駅の南南西4 kmにある水玉ブリッジライン（有料道路）玉島大橋のすぐ西側にあって，道路沿いの崖上に建っている．広島県側（西側）から行くと水玉ブリッジライン玉島料金所を入って100 m先の左手に見え，案内標識もありわかりやすい場所である．高さ2.6 mの石柱碑には「源平合戦水島古戦場」と刻まれ，隣には日食の記述を含む源平合戦の様子を記した副碑が建つ（図15・5）[48, 115, 116]．

15.6　山口県・玖珂隕石発見地（玖珂郡周東町大字川上）

　玖珂隕石は，昭和25年（1950）に山口大学から東京の国立科学博物館に7 gばかりの小片が送られ存在が知られたが，発見地の詳細や隕石本体がどのようなものかは不明であった．昭和38年（1963）になって発見者の手がかりがつかめ，天体写真家の藤井旭氏（当時は大学生）によって現地調査が行なわれ，本体が確認された．

　玖珂隕石は昭和13年（1938）に玖珂郡周東町大字川上，通称小畑の風子地区で，農道の拡幅作業中に地下およそ2 mのところから発見された（落下年は不明）．割れ口が銀色だったことから当時は白金を掘り出したと大騒動になっ

た．山口県立教育博物館（現・山口県立山口博物館），旧制山口高校（現・山口大学）などの各機関で鉄隕石と確認されたが，そのまま25年間発見者の自宅に保管されていた．玖珂隕石本体の重さは5.6 kg，長径12〜13 cm，ウィッドマンステッテン模様の美しさでは日本屈指の鉄隕石である．現在，玖珂隕石は国立科学博物館と山口博物館（山口市春日町8-2）に展示されている．

　平成16年（2004）8月，地元住民は玖珂隕石の事柄が忘れられるのを残念に思い，有志の寄付により玖珂隕石の碑を建立した．碑は風子地区の隕石発見地とされる場所に建ち，高さ70 cmの石碑には「玖珂隕石発見地」と刻まれている（図15・6）．小畑の風子地区はJR岩徳線(がんとく)・周防(すおう)高森駅の北北西2.4 km，小畑の主集落の川向かい（南西側）で，碑は県道5号線から分岐する橋（町営バス・小畑バス停そば）を渡って150〜200 m進んだ道沿いに置かれる．橋の近くの県道沿いには「玖珂隕石発見地」への案内標識もある[117〜119]．

図15・6　玖珂隕石の碑．碑の手前の道を右へ（北へ）行くと県道5号線へ出る（2005年1月）．

CHAPTER 16

四国地方

16.1 香川県・国分寺隕石落下記念像
（綾歌郡国分寺町新居1131-1，町立国分寺中学校内）

　昭和61年（1986）7月29日の19時頃，国分寺町と坂出市の一部に多数の隕石（コンドライト）がシャワーとなって降り注いだ．国内では明治42年（1909）に岐阜県美濃市，関市一帯に落下した美濃隕石以来，77年ぶりの大隕石雨である．家屋，学校，道路，駐車場などに落下した隕石10個以上が発見されたが，その多くは民家の屋根や庭，舗装面など気づきやすい場所で拾われ，その他にも未発見の隕石が多数あると思われる．舗装面に落下した隕石は破砕飛散し，数十個の破片になっているものが多い．発見された隕石のうち最大のものは坂出市のみかん畑に落下したもので，大きさは29 cm×21 cm×16 cm，重さは約10 kgである．

　国分寺隕石は夕方に市街地へ落下したので多数の目撃者がいて，「屋根に落下して飛散するのを見た」「足元に破片が飛んできた」「何か黒い物体がものすごい速さで飛んでくるのが見えた」「目の前に落下して煙のようなものが柱状に立ち上った」など，生々しい記録が多数残っている．隕石落下に伴う雲（煙）の目撃も多数あって，飛跡も写真撮影された．当時の国分寺町はまさに隕石フィーバーの渦中にあった．翌年（昭和62年（1987））に

図16・1　国分寺隕石落下記念像．後方の建物が校舎，右手方向に玄関がある（2002年3月）．

CHAPTER16 四国地方

は隕石落下を記念して，落下地の1つである国分寺中学校（校舎の三階ベランダへ落下）に記念像が造られた．

記念像は国分寺中学校の正面玄関脇にあり，ほぼ等身大の空を見上げている人の石像が3体並んで立っている（図16・1）．傍らには国分寺隕石の調査にあたった村山定男氏（当時国立科学博物館・理化学研究部長）による「国分寺隕石落下記念 星が来たんだ」と刻まれた石板が置かれる．国分寺中学校はJR予讃線・端岡(はしおか)駅の南南西900 mに位置する[120, 121]．

16.2　香川県・久米通賢翁銅像
（坂出(さかいで)市常盤町2-1-75，塩釜（塩竈）神社境内）

久米通賢(みちかた)（1780-1841年，通称栄左衛門）は，いまの香川県東かがわ市（旧大川郡引田(ひけた)町）に生まれ，天文暦学，測量・土木，各種機器の発明改良などで活躍した人物である．寛政10年（1798）に大阪の天文暦学者・間重富(はざましげとみ)（14.5節）の門に入り，文化6年（1809）には高松藩天文方測量御用となった．文化5年（1808）に伊能忠敬が四国測量のために讃岐を訪れた際には案内役を務めている．文政9年（1826），藩命により坂出地方の開発に着手，彼の献身によって坂出の塩田は10倍に拡大されたという．渾天(こんてん)儀，天球儀の他，望遠鏡，象限(しょうげん)儀，八分(はちぶん)儀などの観測機器を製作し，彗星，日食など様々な観測記録を残している．

図16・2　久米通賢翁銅像．台座を含めると高さが5 m以上ある．カメラ位置の背後は駐車場で，さらに背後の高い場所に社殿が建つ（2002年3月）．

昭和9年（1934）には旧塩釜神社境内に久米通賢の銅像が建てられたが，太平洋戦争中の金属回収により供出された．このため昭和30年代に入って，地元有志が常盤町の現塩釜神社境内に通賢の銅像を再建した．望遠鏡を手にした通賢の銅像は高さ3 m近い大きなものである（図16・2）．

塩釜神社はJR予讃線・坂出駅の西北西2.2 km，宇多津町との境界付近の聖通寺山北峯（標高119 m）中腹に建つかなり大きな神社である．聖通寺山北峯の頂上は瀬戸内海の展望地（常磐公園）になっており，神社はそこへ登る途中の道路沿いにある．銅像は社殿の北西方，駐車場の北西端に建っている．坂出駅近くの鎌田共済会郷土博物館（坂出市本町1-1-24）では，久米通賢が製作した天球儀，望遠鏡などの遺品を収蔵・展示している[42, 54, 57, 122, 123]．

16.3　愛媛県・八幡浜の天測記念碑（八幡浜市本町，大法寺境内）

明治15年（1882）10月，海軍省水路局（海軍水路部の前身）によって大法寺境内で天文経緯度が測定され，八幡浜港の海図を作成する基準点とされた．この天測点の標石は，大法寺の石垣などの築造とそれに伴う境内の整備で滅失したが，本堂脇には昭和55年（1980）に八幡浜史談会が建てた小さな天測記念碑がある．記念碑は高さ90 cmのカコウ岩の石柱で，当時の実測経緯度とこの天測の簡単な紹介が刻まれている（図16・3）．

旧海軍の水路部（前身の水路寮，水路局の時代を含む）は，大正11年の測地経緯度採用まで日本の沿岸各地に天測点を設けて天文経緯度を求め，海図の作成を進めてきた（10.3節）．天測点に残された標石は時代とともに忘れられ，現存するものは少ない（10.8節，13.2節）．島根県の浜田測候所には水路部による天測の最後を飾るとも言える標石が残っていたが，最近になって破却されたと聞く．この標石は珍しく測定者の名前（海軍技師・中野徳郎（12.9節））が刻まれた立派なものであった．大法寺の天測点ではその事跡が忘れ去られることなく，標石滅失後に記念碑が建てられた稀な例である．

大法寺（八幡浜134，通称本町）はJR八幡浜駅の西北西

図16・3　八幡浜の天測記念碑．碑の右手前方（南側）に大法寺の山門が写っており，ここから家並みが見渡せる．カメラ位置のすぐ背後に本堂が建つ（2003年6月）．

900 mの山裾に門を構えるかなり大きな寺で，東側のさらに山手には市立愛宕中学校（八幡浜西海寺325）がある．記念碑は本堂の南西隅に建っている[25, 57, 69, 70]．

16.4　高知県・在所隕石落下地（香美郡香北町朴ノ木1164）

　在所隕石は明治31年（1898）2月1日午前5時頃，当時の高知県在所村朴ノ木の民家の庭先に落下した重さ330 g，大きさ7×6×4 cmの石鉄隕石（パラサイト）である．落下時は大きな火の玉が現れ，大砲のような轟音が何度も轟いた．落下地点には深さ15 cmほどの穴があいて泥土が散乱，穴を掘り返して隕石を拾い出したという．当時は「天降石」と称され見物人が跡を絶たなかったらしい．数人の手を経た後，昭和12年（1937）に五藤光学社長の五藤斎三氏に買い取られ同氏の所有となった．昭和26年（1951），村山定男氏の調査により，日本で回収された唯一の石鉄隕石として知られることになった．パラサイトは一般の隕石とは外見が異なり，表面の凹凸が激しい．村山氏も分析するまでは隕石であることを疑っていたと記している．

　昭和56年（1981）3月，五藤斎三氏の寄付により落下地に記念碑が造られた（図16・4）．記念碑は縦約70 cm，横約1.2 mの石板を立てたもので，表面には「在所隕石落下地点」，裏面には在所隕石の解説が刻まれる．

　香北町は高知市の東北東25 kmに位置する物部川沿いの山あいの町で，朴ノ木は町役場のある美良布地区から国道195号線を東方（阿南市方面）へ進んで約2 km，物部川北岸の集落である．記念碑は朴ノ木地区の西端近く，棚田が続く斜面の最も高い位置に建つ民家（有光氏宅）の庭先に置かれるが，周辺には隕石落下地への案内標識はなく，地区の住民に尋ねる方がよいだろう[124〜127]．

図16・4　在所隕石落下地点の碑．碑の左手の家屋が有光氏宅，右手後方に朴ノ木の集落がある（2003年6月）．

16.5　高知県・谷秦山邸趾（香美郡土佐山田町秦山町3丁目）

谷秦山（たにじんざん）（1663‒1718年）は現在の高知県南国市生まれの国学者・天文暦学者で，川谷貞六，片岡直次郎（16.7節）へと続く土佐天文暦学の祖である．京都の山崎闇斉（1618‒1682年）について朱子学を学び，天文暦学は渋川春海から学んだ．元禄13年（1700）に現在の土佐山田町へ居を移し，宝永元年（1704）には江戸へ出て春海から教えを受けている．渾天儀を自宅に据えて観測し，天球儀も製作しているようだ．高知城の緯度を初めて観測して北緯33度半強という値を求めた（現在の地形図による値は33度34分）．

秦山が住んだ土佐山田町は高知市の東北東15 kmにあって，鍾乳洞の龍河洞がある町として知られる．秦山邸趾はJR土讃線・土佐山田駅のほぼ真西600 m，秦山町3‒1の住宅地の中にある．住宅地の一角をごく小さな公園とし，そこに昭和12年（1937）に建立された四角柱状の石碑が置かれる（図16・5）．

石碑は高さ90 cm，縦横ともに60 cmほどの大きさで，碑の側面には「北辰出地三三度」（北緯33度のこと）で始まる秦山の漢詩や碑の説明が刻まれている．秦山は1700年から没するまでの19年間ここに居住したという．周辺に秦山邸趾への案内標識は見あたらないが，区画整理された地域なので民家の住居表示を頼りに探し出せるだろう．

図16・5　谷秦山邸跡（土佐山田町指定史跡）の碑．上面には青銅製の日時計が置かれる．カメラ位置の背後，道路に面して秦山邸跡の解説板も建っている（2002年3月）．

邸趾の北方750 mには秦山の墓所（国指定史跡）がある．町営土佐山田スタジアム（土佐山田町植1252‒2）のほぼ真北150 mのところで，周辺は秦山公園として整備され，こちらへの案内標識は充実している[10, 42, 54, 126, 128]．

16.6　高知県・高知城の正午計（高知市丸の内，高知城天守閣前）

高知城の天守閣そばの芝生の中に「正午計」とされる石造りの平面日時計が

CHAPTER16 四国地方

図16・6 高知城の正午計．写真のすぐ左手後方が本丸御殿（懐徳館）入口で，その背後に天守閣が建つ（2002年3月）．

置かれている（図16・6）．正午計とは日時計の一種であるが，その時々の時刻を知るものではなく，太陽の南中時（つまり正午）だけを知るための装置である．したがって正午計の盤面に時刻目盛りは必要なく，南北線（あるいはさらに東西線）だけが記されていることが普通である（13.10節）．江戸時代には日本標準時のようなものは存在せず，実際の太陽の日周運動をもとに各地で時刻が定められていた．このため時計の時刻合わせには，それぞれの地で太陽の南中時を正確に求める必要があった．

　高知城の正午計（現地の解説板には日時計と記される）にも時刻目盛はなく，長さ90 cm，幅53 cmほどの石板に，1本の南北線だけが刻まれている．この正午計は江戸時代のものと考えられるが，史料が発見されておらず，実際の使用目的など詳しいことはわかっていないようだ．また，設置位置も第二次大戦後の城修理の際に動いたらしい．高知城はJR高知駅の南南西1.3 kmにあり，正午計は本丸御殿入口（天守閣見学入口）の右手前（南側）に置かれる[35, 90, 126]．

16.7　高知県・片岡直次郎の観測所跡
（高岡郡葉山村永野，鎮ケ森頂上／葉山村役場付近）

　片岡直次郎（1747‐1781年，号は春峰，通称蔵之）は，葉山村永野に生まれ，高知の川谷貞六（1706‐1769年，号は薊山）について天文暦学を学び，安永年間には大阪の麻田剛立（14.4節）へ入門した．川谷貞六は谷秦山（16.5節）の弟子筋にあたり，宝暦暦（宝暦5年（1755）施行）に記載されていなかった宝暦13年（1763）の日食を予報し，宝暦暦修正のきっかけを作った人物の一人である．

　天明6年（1786）の皆既‐金環日食に際しては，麻田剛立がその8年も前に予報していたとして自身の名声を高めたが，直次郎も土佐にあって同じ頃に同

16.7 高知県・片岡直次郎の観測所跡

様の推算を成すなど，直次郎の天文暦学の知識と経験は相当のものであった．彼は葉山村永野の鎭ケ森頂上と，現在の葉山村役場（永野471‐1）付近に観測所を設けて観測したという．

現在，鎭ケ森頂上の観測所跡には，「明和三丙戌 測天臺」などと刻まれた石（測天台碑）が残される（明和3年は西暦1766年）．測天台碑には，他にも「春峰蔵之造」と刻まれているというが，傷みが激しく読みづらい（図16・7）．役場前の観測所には，渾天儀，圭表(けいひょう)，象限儀などの機器を据えて観測したと伝えられるが，いまでは渾天儀の台石とされる「明和壬辰春峯造」と刻まれた大きな石だけが残る（明和壬辰は明和9年（1772））．昭和59年（1984）3月，役場新庁舎の落成を機にこの台石の上に直径1.2 mの渾天儀のモニュメントが作られ，役場入口の左手脇に置かれている（図16・8）．

葉山村は高知市の西南西35 kmの山あいの村で，南東部は太平洋岸の須崎(すさき)市と接している．村役場はJR土讃線・須崎駅の北西11 kmにあり，鎭ケ森は役場の真裏（西方450 m），標高220 mほどの携帯電話やNHKなどのアンテナが建つ山だが，地形図に名称の記載はない．測天台碑は頂上にあるテレビ中継設備と同じ敷地の東隅に置かれる[10, 23, 42, 92, 126, 128, 129]．

図16・7　鎭ケ森の測天台碑．直次郎の測天所跡は葉山村の文化財に指定されている．測天台碑の大きさは，高さ幅ともに約45cm，厚さ25cmほどで，高さ70 cmの石組みの台上に置かれる．碑の手前右方にテレビの送信アンテナが建つ（2004年10月）．

図16・8　葉山村役場の渾天儀の台石．渾天儀のモニュメントを載せるために作られた新しい台石だが，一部に当時の台石が使われている（本文参照）．台石全体の大きさは，底部の幅1.7 m，高さ70cm，当時の台石は最上部の黒っぽく写っている部分で，台石の後方は葉山村役場の庁舎（2002年3月）．

CHAPTER 17

九州・沖縄地方

17.1 福岡県・直方隕石之碑（直方市下境，須賀神社境内）

　直方隕石は，貞観3年（861）に現在の須賀神社（下境須賀神社）付近に落下したと伝えられる重さ472 g，周囲18 cmほどの石質隕石（コンドライト）である．須賀神社には「貞観3年4月7日の夜，空が急に明るくなり，武徳神社（いまの須賀神社）境内で大きな爆発音が生じて，社殿の一部が焼け壊れた．地面が抉られ，翌朝，穴の中からは黒色の石が見つかった」という飛石伝説が残っている．そのときに拾ったとされる石は須賀神社に伝わっていたが，この話が昭和54年（1979）に地元ラジオで放送されたことから，それを聞いた北九州市の天文ファンが関心をもち，国立科学博物館の村山定男氏へ連絡した．調査の結果，この石が本物の隕石であることが確認され，落下の目撃が伝わる世界最古の隕石として有名になった．

　平成4年（1992）6月，須賀神社境内に「直方隕石之碑」が建立された（図17・1）．須賀神社の位置は平成筑豊鉄道・中泉駅の北北東900 m，国道200号線（直方バイパス）と県道22号線の間である．同須賀神社の南西1.5 kmにも別の須賀神社（中泉須賀神社）があるので注意されたい．2つの須賀神社ともに地形図や一部の道路地図にはその位置が記されている．「直方隕石之碑」は社殿の手前，参道の右手（西側）に建つ[77, 130〜133]．

図17・1　直方隕石之碑．高さは2 mほど．碑の左奥に社殿の一部が写っている．カメラ位置の背後方向（北側）が参道入口（2003年8月）．

17.2 福岡県・大宰府の漏刻台跡
（太宰府市観世音寺4丁目，大宰府政庁跡）

『続日本紀』の宝亀5年（774）11月9日に，「大宰府と陸奥国は，同じように思いがけない危機を警戒している．ところが，大宰府にはすでに漏刻があるが陸奥国にはない」と記されていることから，当時，大宰府には漏刻（水時計）が置かれていたと考えられる．

特別史跡「大宰府跡」の大宰府政庁跡（都府楼跡）東側に，比高15～20 mほどの月山と呼ばれる丘があり，ここにかつて漏刻が設置されていたと伝えられる（図17・2）．月山山頂はほぼ平坦地で現在は草木が繁茂している．発掘調査は未だ行なわれておらず，現在のところ漏刻台に関する遺跡は見つかっていない．

大宰府政庁跡は西鉄天神大牟田線・都府楼前駅の東北東700 mにある．政庁跡の南東隅には大宰府展示館（太宰府市観世音寺4-6-1）があり，その展示でも月山の漏刻について触れている[35, 134, 135]．

図17・2　大宰府の月山．大宰府政庁跡の北西側から撮影した．手前の平坦地が政庁跡で，奈良の飛鳥を思わせる風景である．合格祈願で有名な太宰府天満宮はここから2 km東北東（写真左手奥方向）にある（2002年3月）．

17.3 福岡県・からくり儀右衛門の生誕地（久留米市通町10丁目）

からくり儀右衛門とは，いまの久留米市に生まれ幕末から明治にかけて活躍した発明家，田中久重（1799-1881年）のことである．彼の数多くの発明品の中には天文に関するものも含まれ，時計の上部に太陽・月の日周運動や季節による高度変化の様子を示す装置を配した万年時計（万年自鳴鐘），仏教の須弥山説に基づいた一種のプラネタリウムとも言える視実等象儀や須弥山儀などがある．これら一連の天象儀は国立科学博物館などに保管されている．

久留米市通町10丁目には，田中久重生誕地の碑が建っている（図17・3）．場

17.4　長崎県・金星太陽面通過の観測記念碑と観測台

所は西鉄久留米駅から鉄道の高架に沿って福岡方向へ450 m，高架ガードの東側である．石碑の高さは台石を含めて2.7 m，碑面には「田中久重生誕地」と刻まれる．久留米リサーチセンタービル（久留米市百年公園1‐1）の正面入口脇や，五穀神社（同市通外町58）の境内には，田中久重の胸像が置かれる[136〜138]．

図17・3　田中久重生誕地の碑．碑の左手の高架が西鉄線，写真奥が福岡方向である（2003年8月）．

17.4　長崎県・金星太陽面通過の観測記念碑と観測台
　　（長崎市西山2丁目，金比羅山）

　明治7年（1874）12月9日の金星の太陽面通過は，日本付近が観測条件がよく，フランス，アメリカ，メキシコから観測隊が来日した（11.5節，14.6節）．ここ長崎にはフランスとアメリカの観測隊が訪れ，フランス隊は長崎市西山町の金比羅山で観測を行なった．当日は万全な天候とは言えず精度の高い結果は得られなかったようだが，フランス隊は観測終了後，現地に石造りの記念碑を建てている（図17・4）．記念碑の近くには赤レンガ造りの台が残るが，これはフランス隊が観測地の位置を天測で求めるために，子午儀を据え付けた観測台と言われる（図17・5）．

　フランス観測隊の記念碑は高さ約145 cm，底辺約165 cmのピラミッド型で，台座を含めると高さは2 mほどになる．碑面にはこの地でフランスが金星の太陽面通過の観測を行なったことや，観測者の名前などが仏日両語で刻まれているというが，風化が激しく判読不能の箇所が多い．赤レンガの観測台は記念碑

CHAPTER17　九州・沖縄地方

図17・4　フランス隊の金星太陽面通過の観測記念碑（長崎県指定史跡）．「観測台」（図17・5）は記念碑右手後方の林の中に，「我が国初の経緯度原点確定の地」の碑は記念碑の右方向にある．記念碑の正面（南面）は長崎港へ向く（2003年7月）．

図17・5　フランス隊の観測台（長崎県指定史跡）．高さ45 cm，縦横それぞれ60 cmほどである．観測台の上部は苔むしていた（2003年7月）．

のほぼ真東24 mのところにあり，平成5年（1993）に茂みの中から80年ぶりに再発見された．

　一方，ダビドソン率いるアメリカの観測隊は，長崎市内の大平山（現・星取山）に布陣し，ベルビューホテルの敷地内（現・長崎市南山手町1-18，長崎全日空ホテル付近）には，経度観測所を設置した．ベルビューホテルではデンマークのグレート・ノーザン・テレグラフ社（大北電信会社）長崎局が開業しており，同局とウラジオストックを電信で繋いでこの地の天文経度を求めている（12.6節）．平成9年（1997），長崎県測量設計業協会により「我が国初の経緯度原点確定の地」の碑が，金比羅山のフランス隊観測記念碑のすぐ近くに建てられた．

　金比羅山はJR長崎駅の北北東約2.5 kmにある標高366 mの山だが，フランス観測隊の記念碑が建つ場所は，山頂南方700 mの金比羅神社（金刀比羅神社）の近くである．金比羅神社へは，神社の南西方の立山5丁目・西山1丁目側から登る．県立長崎東高校（立山5丁目13-1，長崎駅北東約1 km）の正門手前（東方）200 mには，「長崎金星観測碑・観測台」への大きな案内標識があり，それに従って150 mほど進むと九州自然歩道に入る．ここからは徒歩15分ほどで記念碑へたどり着く．記念碑が建つ場所には小さな展望台が作られ，長崎港が一望できる．一万分の一地形図（長崎）や一

部の市街図には金星観測碑の位置が記される[47, 50, 94, 95, 139〜142]．

17.5　長崎県・伊能忠敬の天測地（福江市栄町，東公園内）

　伊能忠敬（11.4節）は文化10年（1813）の夏に下五島地方を測量し，同年7月1日には福江で天測を実施している．天測が福江で行なわれたことを記念するため，昭和59年（1984）に「天測之地」の石碑が天測地近くの東公園内に建立された．全国に伊能忠敬関連の記念碑は多いが「天測」と銘打った碑は珍しい．これは記念碑建立に尽力した福江出身の今道周一氏（東京理科大学名誉教授）の「天測によって福江の位置を地球上に定めるという科学的な仕事を記念したい」という意志による．

　記念碑が建つ東公園は福江港ターミナルのほぼ真西400 m弱，長崎地方裁判所福江支部の北西側にある．碑は台石を含め高さ1.5 m，「伊能忠敬天測之地」と刻まれ，東公園の南東隅に置かれる（図17・6）．実際の天測地はここから100 mほど東方の海岸近くのようだ．記念碑南方250 mの五島観光歴史資料館（福江市池田町1-4）には，忠敬の五島測量についての展示がある[18, 143]．

図17・6　伊能忠敬「天測之地」の碑．碑の左側の白い看板は福江市教育委員会による解説板．碑の背後（北西側）が東公園，福江港は写真右手前（東方向）である（2003年9月）．

17.6　大分県・三浦梅園旧宅（国東郡安岐町富清）

　三浦梅園（1723-1789年）は江戸時代中期の哲学者で条理学を提唱した独創的な思想家として知られるが，天文学にも関心が深く，同じ杵築藩出身の麻田剛立（14.4節）とも親交があった．梅園が制作した星図や天球儀が現存している．彼の星図は1757年に刊行された中国の近代的星表「儀象考成」に基づくとされ，星の明るさも6段階に分類されている．渡辺敏夫氏によれば日本最初の近代的星図という．天球儀は直径16.5 cmの紙張子製で，天球を青色に

塗り，星を白色で，天の川を金色で表現した色彩豊かな珍しいものである．

三浦梅園は諸藩の招きにも応じず，ほぼ一生を生地の杵築藩富永村（現・安岐町富清）で過ごし，思索と著述に耽った．この梅園旧宅は彼が53歳の頃（1775年頃），自ら設計したものと伝えられ，彼はこの家で没している（図17・7）．平成12年（2000）には旧宅の隣接地に三浦梅園資料館（安岐町富清2507-1）が開設された．ここには前述の梅園による天球儀（重要文化財）や星図をはじめ，彼の遺稿などが展示・収蔵されている．旧宅・資料館は杵築市街のほぼ真北約12 km（安岐町役場からは北西へ約9 km）の山村地にあり，観光ガイドブックや道路地図にも記されている[23, 42, 144, 145]．

図17・7 三浦梅園旧宅（国指定史跡）．旧宅の左側手前に梅園資料館がある（2003年2月）．

17.7 鹿児島県・天文館跡（鹿児島市東千石町15付近）

南九州随一の繁華街として知られる天文館通りの名前は，薩摩暦編纂の任に当たった天文館が置かれていたことに由来する．貞享の改暦（貞享2年（1685）施行）以降，全国の暦は幕府天文方が編纂する暦を原本とし，独自の暦を造ることは禁止されたが，薩摩藩に限っては「中央から遠く離れ，暦本の入手が容易でない」などの理由で特別に造暦・頒布が許されていた．薩摩藩では改暦の度に幕府天文方や京都の土御門家（14.2節）へ人を派遣し，新しい暦法を学んで自ら暦を編纂している．薩摩藩の天文学のレベルは全国に比類ないものと言われた．

天文館は明時館とも言い，安永8年（1779）に薩摩藩主・島津重豪が設置した天文学研究・暦編纂のための施設である．天文館の敷地は約2,000 m^2，敷地内には高さ4 mほどの露台があり，その上に観測器械を置いて暦の編纂などに必要な天体観測を行なった．

17.8 沖縄県・久米島の太陽石

　天文館があった場所はJR鹿児島中央駅北東1.5 km，東千石町15の天文館本通りに面するあたりで，明視堂メガネ店（東千石町15‐5）前には高さ1.2 mの「天文館跡」の石碑が建つ（図17・8）．明視堂は天文館本通りの北端近く，通りに面して東側にある[86, 146〜149]．

図17・8　天文館跡の碑．碑の後方が明視堂メガネ店．天文館本通りのアーケード街にあり，写真右方向（南側）100 mのアーケードを抜けたところに市内電車の「天文館通」電停がある（2002年3月）．

17.8　沖縄県・久米島の太陽石（島尻郡久米島町比屋定下村渠110）

　久米島は沖縄本島の西の海上約80 kmに位置するが，この島の比屋定に長径2.2 m，短径1.5 m，高さ1 mの「太陽石」と呼ばれる大きな石がある．地元ではウティダ石と呼ばれてきた（ウティダとは，琉球方言で御日様（太陽）のこと）（図17・9）．琉球・尚真王（在位1477‐1526年）の時代，堂の比屋という人物がこの石に寄りかかって日の出を観測し，日の出の位置から季節を知り，種蒔き，植え付けなどの時期を人々に教えたと伝えられる．

　現在は松林に遮られて眺望がきかないが，昔はこの場所から東方の島々が一望できたようだ．東北東に位置する粟国島から，東南東の慶良間列島久場島までの島々を目標に，夏至から冬至までの日の出の位置を観測したという．この太陽石から粟国島，久場島の方向は，真東からそれぞれ北と南へ27〜28°で，夏至と冬至の日の日出方位（東から北または南へ26〜27°）とほぼ正確に一致している．

201

CHAPTER17 九州・沖縄地方

太陽石は，久米島空港の東北東約 6.5 km の比屋定集落の東端にある．県道242号線を空港方面から行くと，町立比屋定小・中学校を 500 m ほど過ぎた地点を左へ（北東へ）100 m 入ったところである．県道からの分岐点には，太陽石への道路標識が立つ．太陽石は沖縄県の史跡に指定され，観光ガイドブックや道路地図にも案内が記されている[150〜152]．

図17・9 ウティダ石（太陽石）（県指定史跡）．この写真には写っていないが太陽石の右手には立派な解説碑が建っている（2003年9月）．

17.9 沖縄県・八重山の星見石
（石垣市登野城（石垣島）／八重山郡竹富町竹富島）

星見石とは，ある定まった時刻に星を観測して季節を知るために利用された石のことで，八重山地方では各地域にあったらしい．石垣市登野城に立つ星見石は，高さ140 cm，幅・奥行30〜50 cm の円柱状の琉球石灰岩で，スバルやオリオンの星々と星見石の上端を結ぶ線の仰角で稲や粟の種まきの時期を決めたという．

現在この星見石は陸運総合(株)という自動車販売会社（登野城1269‐1）の北東角に置かれている（図17・10）．場所は石垣港の北東 1.5 km の県道87号線（通

図17・10 石垣島の星見石．下部周囲をセメントで補修してある．星見石の前の道（写真奥）が県道87号線で，右方向（南西方向）が石垣港になる．写真のすぐ右手に陸運総合（株）がある（2003年9月）．

称さんばし通り）沿いで，港から行くと県立八重山農林高校を過ぎて約400 mのところである．星見石は県道に面して立っているが，解説碑や表示板もなく，石だけが置かれている．現地の観光案内図にも星見石のことは記されていないようだ．

石垣島の西隣にある竹富島の星見石は，高さ約1.1 m，幅80 cm，厚さ30 cm，これも琉球石灰岩である．中央には直径約15 cmの小穴があき，この穴から日没後にスバルが見える時季（立冬の頃）に種蒔きをしたと伝えられる．この星見石は，元は竹富島北端の北岬にあったというが，いまは島中心部の赤山公園の中へ移設されている（図17・11）．

図17・11 竹富島の星見石．周囲は沖縄の伝統的な民家が建ち並ぶ．「なごみの塔」は写真右方向にある（2003年9月）．

赤山公園（赤山丘）は，狭いながらよく整備された美しい公園で，赤瓦屋根の家並みが続く伝統的建造物群保存地区内にある．この公園の中には「なごみの塔」と名付けられた小さな展望塔が建っているが，星見石はその10 m南西側に置かれる．観光地区なので周辺には「赤山丘」，「なごみの塔」への案内標識が随所に見られる．残念ながら星見石そのものには標柱や解説板がなく，星見石の側面にセメントを塗り，そこに簡単な由来が記されているだけである[64, 150, 153〜155]．

17.10　沖縄県・小浜島の「節さだめ石」（八重山郡竹富町小浜島（こはま））

竹富島西方（西表島（いりおもて）の東隣）の小浜島には，スバルを観測したと伝えられる長さ1.5 m，幅75 cm，高さ60 cmほどの「節さだめ石」と呼ばれる石がある．この石も琉球石灰岩で，石に十二支の順に穴を掘って穴と星との方角などで農作物の作付け時期を定めたという．

小浜島南東部から島中央の村内（むらうち）集落に向かって，サトウキビ畑の中を真っ直ぐな道（シュガーロード）が走っている．このシュガーロードを集落に向けて

CHAPTER17 九州・沖縄地方

図17・12 小浜島の節さだめ石（町指定史跡）．石垣で囲まれた土盛りの上に節さだめ石が置かれ，傍にはコンクリート製の解説碑が建っている．十二支の順に掘られたという穴は判然としなかった．左手の道がシュガーロードで，カメラ位置の背後（北西側）が村内の集落（2003年9月）．

歩くと集落の直前で左から（南から）の道路と合流するが，その合流点に節さだめ石が置かれる（図17・12）．およその位置は小浜港の南西1.4 kmのところ，あるいは村内の集落にある小浜郵便局の南東100 mのところである．島内に節さだめ石への案内標識はないようだが，一部の観光ガイドブックや現地の観光地図にはその位置が記されている．

おわりに

　この"アインシュタインシリーズ"は，ミレニアムの2000年に企画がスタートしたものだ．数年経って，シリーズ全体の構成や各巻の執筆者も固まり，それぞれに執筆も進行していったわけだが，シリーズ全体を眺めたときに，天文学の歴史に関する話題がまったくないことがわかった．天文学は最も古い学問であり，歴史を繙いてみればおもしろい話題があちこちに転がっている．相対論誕生100年目に刊行されるからというわけではないが，やはり歴史的な事柄にも触れた巻が欲しいということになって，本書がシリーズにはいることになった次第である．

　さて，本書の原稿は，天文教育と普及に関する団体「天文教育普及研究会」の会誌『天文教育』に連載された記事に基づいている．編者の一人（福江）が『天文教育』の編集委員をしていた時期に，"人類を揺るがした天文現象"として2001年から2002年にかけて7回にわたって連載した記事が，第1篇（§1～§8）のベースになっている．もっとも単行本化にあたっては，説明不足の部分や最近の話題などについて，大幅に加筆されたり2つに分割したり，相当量の加筆修正が加えられている．単なる歴史的な記述だけに留まらず，現代天文学との関連なども書いてあるので，通常の天文学史の本とは少し異なる毛色の本に仕上がったのではないだろうかと考えている．

　また第2篇（§9～§17）については，同じく『天文教育』誌に，"天文史跡めぐり"として2002年から2003年にかけて連載した記事がベースになっている．執筆は，執筆者らが長年にわたって集めた天文史跡に関する資料をもとに，執筆者の一人（松村）が全国の史跡のサーベイと素稿作りを行ない，もう一人（松尾）が文献精査と現地確認を加えて完成稿にするという形で進められた．やはり単行本化にあたっては，雑誌に未掲載の史跡も加え，大幅に加筆修正してある．リストアップした天文史跡は全国300ヶ所以上にもなるが，天文史跡が郷土の教材として活用されることを期待して地域バランスも考慮しながら，できるだけ多様な史跡を取り上げた．掲載した史跡については北海道・礼文島の日食記念碑を除き，すべて執筆者が現地を訪れている．なお第2篇で取

おわりに

り上げた史跡の一部は私有地や学校敷地に存在するので，見学する際には事前に了解を得るなどの配慮をお願いしたい．

　天文学の歴史という性格上，資料を網羅していくと膨大なものになる．第1篇の各章はもとより，第2篇についても，本文の末尾に掲げた引用文献以外に，多くの書籍・報告文・解説文，関係者からの教え，ウェブの情報などを参考にした．すべての参考資料をあげることはできなかったが，関係の方々に心からお礼申し上げる．本シリーズの担当である恒星社の片岡一成さんには，いろいろお世話になった点を感謝したい．最後に，歴史の窓を通して，新しい角度から天文学を眺めていただければ編者としても幸いである．

　2005年3月

福江　純

文　献

■CHAPTER 1
1) 小竹文夫・武夫『史記』ちくま学芸文庫（1995年）．
2) 小竹武夫『漢書』ちくま学芸文庫（1998年）．
3) 作花一志・中西久崇『天文学入門』オーム社（2001年）．
4) Meis, S.D. and Meeus, J. *Journal of British Astron.* Association 104, 6（1994）．
5) 能田忠亮『秦の改時改月説と五星聚井の辨』恒星社厚生閣（1943年）．
6) 斎藤国治『古天文学』恒星社厚生閣（1989年）．
7) 平勢隆郎『中国古代の予言書』講談社新書（2000年）．
8) 荒木俊馬『天文年代学講話』恒星社（1951年）．
9) Schaefer, B.E. *Sky & Telescope*（May, 2000）．
10) 作花一志「天文教育」No8（2002年）．

■CHAPTER 2
1) ヘロドトス『歴史』青木巌訳新潮社（1968年）．
2) J．ニーダム『中国の科学と文明』吉田忠他約新思索社（1991年）．
3) 河出文庫『古事記』福永武彦訳河出書房新社（2003年）．
4) 岩波文庫『日本書紀（四）』岩波書店（1994年）．
5) 斉藤国治『宇宙からのメッセージ - 歴史の中の天文こぼれ話』雄山閣（1995年）．
6) 安本美典『倭王卑弥呼と天照大御神伝承』勉誠出版（2003年）．
7) 井沢元彦『逆説の日本史（1）』小学館（1993年）．
8) 石野博信『邪馬台国の考古学』吉川弘文館（2001年）．
9) 橋本万平『計測の文化史』朝日選書（1982年）．

■CHAPTER 3
1) 鈴木一馨『陰陽道』，講談社（2002年）．
2) 山下克明『平安時代の宗教文化と陰陽道』岩田書院（1996年）．
3) 橘健二校注・訳『大鏡（一）』小学館（1986年）．
4) 斉藤国治：『天界』871巻（1997年）．
5) 栗田和実：『天界』873巻（1998年）．
6) 作花一志：http://www.kcg.ac.jp/kcg/sakka/monogatari.htm
7) 田中裕・赤瀬信吾校注『新古今和歌集』岩波書店（1992年）．
8) 橘健二校注・訳『大鏡（二）』小学館（1986年）．
9) *ibid.*
10) ゲーテ，高橋義孝訳『ファウスト（一）』新潮文庫（1967年）．

文 献

11) 諏訪春雄『安倍晴明伝説』ちくま新書（2000年）.
12) 神田茂『日本天文史料』原書房（1935年）.
13) 作花一志：http://www.kcg.ac.jp/kcg/sakka/monogatari3.htm

『日本紀略』などの歴史書は，吉川弘文館『国史大系』によった．また，歴史記事の検索には『大日本史料』と『史料総攬』を用いた．

■CHAPTER 4
1) 帝国書院編集部『世界史図説資料集』帝国書院（2002年）.
2) サイモン・ミットン『超新星の謎』講談社（1970年）.
3) 石田五郎他『かに星雲の話』中央公論社（1973年）.
4) ニーダム，J.『中国の科学と文明』新思索社（1991年）.
5) 斎藤国治『定家「明月記」の天文記録 ― 古天文学による解釈 ―』慶友社（1999年）.
6) 以下のHPも参考にした．
http://www.asahi-net.or.jp/~nr8c-ab/ktjpm1.htm
http://www.kusastro.kyoto-u.ac.jp/~usui/teika/teika.html
http://centaurs.mtk.nao.ac.jp/~avell/history.html
http://astro.ysc.go.jp/izumo/index.html
7) 高島俊男『三国志きらめく群像』ちくま文庫（2000年）.

■CHAPTER 5
1) Yeomans, D.K.：http://ssd.jpl.nasa.gov/?great_comets
2) Hughes, D.W. and Drummond, A.: *Journal for the History of Astronomy*, vol. 15（1984）.
3) 長谷川一郎『ハレー彗星物語』恒星社厚生閣（1985年）.
4) 小竹文夫・武夫『史記』ちくま学芸文庫（1995年）.
5) 小竹武夫『漢書』ちくま学芸文庫（1998年）.
6) 坂本太郎・家永三郎・井上光貞・大野晋『日本書紀』岩波書店（1965年）.
7) プリニウス著，中野定雄他訳『博物誌』雄山閣（1986年）.
8) 大杉耕一『見よあの大彗星を』日経事業出版社（1994年）.
9) 西村昌能：http://www.kcat.zaq.ne.jp/aaaqq805/kishougagakusi.htm

■CHAPTER 6
・金子史朗『人類の絶滅する日』原書房（1993年）.
・地球衝突小惑星研究会『いつ起こる小惑星大衝突』講談社（1993年）.
・藪下信『宇宙からの危機』恒星社（1994年）.
・輿石肇『小惑星地球大衝突』廣済堂（1994年）.
・金子隆一『小惑星地球異常接近』光文社（1994年）.
・小島卓雄『地球を狙う危険な天体』裳華房（1994年）.
・グリビン，J., グリビン，M.『彗星大衝突』三田出版会（1997年）.

文 献

- 松井孝典『巨大隕石の衝突』PHP新書（1998年）．
- 磯部琇三『巨大隕石が地球に衝突する日』河出書房（1998年）．
- 日本スペースガード協会『小惑星衝突』ニュートン・プレス（1998年）．
- 金子史朗『巨大隕石が降る』中央公論新社（2002年）．

■CHAPTER 7
1) 谷川俊太郎『二十億光年への孤独』サンリオ（1992年）．
2) Cocconi, G. & Morrison, P., *Nature*, 184（1959年）．
3) Horowitz, P. & Sagan, C., *Astrophysical J.*, 415（1993年）．
4) SERENDIP：http://seti.ssl.berkeley.edu/serendip/
5) クラウス，J.D., 鴻巣巳之助訳『巨大な耳』CQ出版社（1981年）．
6) SETI Institute：http://www.seti-inst.edu/
7) SETI@home：http://www.planetary.or.jp/setiathome/home_japanese.html
8) 仲野誠「これからのET探し」福江純・粟野諭美編『最新宇宙学』裳華房（2004年）．
9) ファインマン，R.P., 大貫昌子訳『科学は不確かだ』岩波書店（1998年）

その他火星に関しては多くの書籍が刊行されているが，この本の読者には以下が参考になる．
- 大島泰郎『火星に生命はいるか』岩波科学ライブラリー（1998年）．
- 小森長生『火星の驚異』平凡社新書（2001年）．

■CHAPTER 8
1) ガリレイ，G., 山田慶児・谷康訳『星界の報告』岩波文庫（1978年）．
2) 同上．
3) パネク，R., 伊藤和子訳『望遠鏡が宇宙を変えた．見ることと信じること』東京書籍（2001年）．
4) ケプラー，J., 渡辺正雄・榎本恵美子訳『ケプラーの夢』講談社（1978年）．
5) セーガン，C., 木村繁訳『コスモス上』朝日新聞社（1981年）．
6) JOHN F. KENNEDY LIBRARY AND MUSEUM：http://www.jfklibrary.org/j0525621.htm
7) 武田弘「惑星の表層」小沼直樹水谷仁編『岩波講座地球科学13　太陽系における地球』（1978年）よりPapikeらの原図を引用．
8) 竹内均・水谷仁「科学」第36巻，No.7（1966年）．
9) 鳥海光弘・平朝彦・松井孝典「科学」第60巻，No.8（1990年）．

参考文献
- 『もう一度月へ』（http://jvsc.jst.go.jp/universe/luna/index.html）科学技術振興事業団（2002年）．
- Paul D. Spudis., 水谷仁訳『月の科学月探査の歴史とその将来』シュプリンガー・フェアラーク東京（2000年）．
- チェイキン，A., 亀井よし子訳『人類，月に立つ』日本放送協会（1999年）．
- 的川泰宣『ロケットの昨日・今日・明日』裳華房（1995年）．
- 的川泰宣『月をめざした二人の科学者アポロとスプートニクの軌跡』中公新書（2000年）．

文　献

■第2編
1) 斎藤国治・篠沢志津代「東京天文台報」14巻第1冊（1966年）．
2) 「天界」No.182，284-285（1936年）．
3) 斎藤国治・篠沢志津代「東京天文台報」15巻第1冊（1970年）．
4) 日塔聰『枝幸町史（上巻）』北海道枝幸町（1967年）．
5) 「天界」No.182，318-322（1936年）．
6) 小山秋雄「天界」No.184, No.185, No.186, No.188，（1936年）．
7) 北海道庁編『昭和11年皆既日食誌』北海道庁（1937年）．
8) 「天界」No.259，8-9（1943年）．
9) 佐登兒「天界」No.183（1936年）．
10) 中山茂編『天文学人名辞典（現代天文学講座別巻）』恒星社厚生閣（1983年）．
11) 松隈健彦「日本天文学会要報」5巻第1冊（1936年）．
12) 広瀬秀雄『宇宙をみる』旺文社新書（1967年）．
13) 古在由秀『地球をはかる（岩波科学の本7）』岩波書店（1973年）．
14) 斎藤建二「博物館だより」No.47，市立旭川郷土博物館（1981年）．
15) 旭川市史編集委員会編『旭川市史（第4巻）』旭川市役所（1960年）．
16) 早川和夫『素顔の北極星』北海道新聞社（1977年）．
17) 早川和夫「天文月報」Vol.69, No.6（1976年）．
18) 山岡光治『訪ねてみたい地図測量史跡』古今書院（1996年）．
19) 広瀬秀雄「星の手帖」1979年秋号，河出書房新社（1979年）．
20) 苫小牧市教育委員会社会教育課編『苫小牧市の指定文化財』苫小牧市教育委員会（1980年）．
21) 佐久間精一「星の手帖」1991年秋号，河出書房新社（1991年）．
22) 中山茂『一戸直蔵』リブロポート（1989年）．
23) 渡辺敏夫『近世日本天文学史（下巻）』恒星社厚生閣（1987年）．
24) 百年社編『日本の暦大図鑑』新人物往来社（1978年）．
25) 海上保安庁水路部編『日本水路史1871～1971』（財）日本水路協会（1971年）．
26) 釜石市文化財保護審議会編『昭和53年度釜石市指定文化財調査報告書（文化財調査報告第10集）』釜石市教育委員会（1979年）．
27) 岩手県高等学校社会科研究会日本史部会『岩手県の歴史散歩』山川出版社（1979年）．
28) 田村眞一「季刊地理学」Vol.52, No.3（2000年）．
29) 藪内清「中国・朝鮮・日本・印度の星座」野尻抱影編『星座』恒星社厚生閣（1982年）．
30) 村山定男「星の手帖」1991年夏号，河出書房新社（1991年）．
31) 宮城隆興監『気仙天隕石物語』私家版（陸前高田市）（1979年）．
32) 木村栄「天文月報」Vol.1, No.5（1908年）．
33) 服部忠彦「経緯度の変化」広瀬秀雄編『新版地球と月（新天文学講座第4巻）』恒星社厚生閣（1965年）．
34) 天文・宇宙の辞典編集委員会編『天文・宇宙の辞典』恒星社厚生閣（1986年）．
35) 橋本万平『日本の時刻制度（増補版）』塙書房（1978年）．

文　献

36) 東京天文台編「昭和19年暦」神宮神部署（1943年）．
37) http://ww5.et.tiki.ne.jp/~koremaru/star/keiidF/tensokuten.htm （秋田の天測点）．
38) 松村巧『天文史跡調査余話』私家版（下松市）（1987年）．
39) 福島市文化財調査委員会『福島市の文化財（福島市文化財調査報告書第33集）』福島市教育委員会（1992年）．
40) ティエス企画編『會津藩校日新館ガイドブック』會津藩校日新館（1994年）．
41) 榊原和夫『地図の道―長久保赤水の日本図』誠文堂新光社（1986年）．
42) 渡辺敏夫『近世日本天文学史（上巻）』恒星社厚生閣（1986年）．
43) 田村竹男「水戸の天文台」朝日新聞水戸支局編『茨城の科学史』常陸書房（1983年）．
44) 名越時正『水戸藩弘道館とその教育』茨城県教師会（1972年）
45) 武石信之「地図ニュース」1983年5月号，（財）日本地図センター（1983年）．
46) 伊能忠敬研究会編『忠敬と伊能図』現代書館（1998年）．
47) 斎藤国治「金星の太陽面経過について」金星過日編集委員会編『金星過日』金星の太陽面経過観測記念碑設立期成会（1974年）．
48) 斎藤国治『星の古記録』岩波新書黄版（1982年）．
49) 細田剛・武石信之「星の手帖」1991年春号，河出書房新社（1991年）．
50) 武石信之「天界」Vol.80, No.6（1999年）．
51) 広瀬秀雄『暦（日本史小百科5）』近藤出版社（1984年）．
52) 東京天文台の百年編集委員会編『東京大学東京天文台の百年』東京天文台（1978年）．
53) 神田茂「江戸時代の天文学」藪内清編『新版天文学の歴史（新天文学講座第12巻）』恒星社厚生閣（1965年）．
54) 国史大辞典編集委員会編『国史大辞典（全15巻）』吉川弘文館（1979‐1997年）．
55) 進士晃「天文月報」Vol.64, No.11（1971年）．
56) 東京天文台90周年行事委員会編『東京天文台90周年誌』東京天文台（1968年）．
57) 山岡光治『地図測量史跡を巡る』リプロ（2000年）．
58) 前山仁郎「天文月報」Vol.45, No.12（1952年）．
59) 前山仁郎「天文月報」Vol.46, No.1（1953年）．
60) 大森八四郎『新版地形図の本』国際地学協会（1979年）．
61) 佐藤利男「星の手帖」1979年冬号，河出書房新社（1979年）．
62) 堀勇良「自然」1980年10月号，中央公論社（1980年）．
63) 国立天文台「天文ニュース」No.543, 国立天文台広報普及室（2002年）．
64) 北尾浩一『星と生きる―天文民俗学の試み』ウインかもがわ（2001年）．
65) 斉藤国治・篠沢志津代「東京天文台報」14巻第4冊（1969年）．
66) 斉藤国治・篠沢志津代「東京天文台報」15巻第4冊（1971年）．
67) 原田朗『荒井郁之助』吉川弘文館（1994年）．
68) 斉藤国治「天文月報」Vol.62, No.7（1969年）．
69) 武石信之・佐藤利男「天界」Vol.78, No.3（1997年）．
70) 東京天文台編「昭和9年暦」神宮神部署（1933年）．

文　献

71) 渡辺誠・布村克志『加賀藩・富山藩の天文暦学（特別展解説書）』富山市科学文化センター（1987年）．
72) 新湊市博物館編『越中の偉人石黒信由（改訂版）』新湊市博物館（2001年）．
73) 北国新聞社編集局「風雪の碑」取材班編『風雪の碑―現代史を刻んだ石川県人たち』北国新聞社（1968年）．
74) ローエル，P.，宮崎正明訳『能登・人に知られぬ日本の辺境』パブリケーション四季（1981年）．
75) 佐藤利男『星慕群像』星の手帖社（1993年）．
76) 石渡明他『地球科学』49巻2号（1995年）．
77) 島正子『隕石』東京化学同人（1998年）．
78) 渡辺誠「天文教育」Vol.13，No.4（2001年）．
79) 中村良一「甲斐路」No.63，山梨郷土研究会（1988年）．
80) 宮田豊「第17回日本アマチュア天文研究発表大会集録集」（1985年）．
81) 藤田久仁子『私の星』自費出版（川崎市）（1992年）．
82) 松村巧「天界」Vol.81，No.2（2000年）．
83) 鷲見洋一「天界」Vol.81，No.6（2000年）．
84) 長谷川一郎「天界」Vol.80，No.11（1999年）．
85) 吉村正義『日本で初めて宇宙を見た男―科学者國友一貫斎』自費出版（東京都板橋区）（1995年）．
86) 渡辺敏夫『日本の暦』雄山閣（1977年）．
87) 山下克明「暦はどこでつくりどのようにくばったか」暦の会編『暦の百科事典2000年版』本の友社（1999年）．
88) 岡田芳朗『日本の暦』新人物往来社（1996年）．
89) 佐竹真彰「天文月報」Vol.78，No.2（1985年）．
90) 澤田平『和時計』淡交社（1996年）．
91) 有本淳一「天文教育」Vol.13，No.4（2001年）．
92) 末中哲夫監『麻田剛立（大分県先哲叢書）』大分県教育委員会（2000年）．
93) 大矢真一『日本科学史散歩』中央公論社（1979年）．
94) 原口孝昭『明治7年金星日面経過観測（平成10年度文部省科学研究費補助金奨励研究（B）報告書）』（1999年）．
95) 斉藤国治「天文月報」Vol.67，No.2（1974年）．
96) 明石市立天文科学館編『明石市立天文科学館の40年』明石市立天文科学館（2000年）．
97) 福田和昭：http://www.h2.dion.ne.jp/~kazuf/sao/
98) 70年ぶりに引っ越し／明石のシンボル子午線標識，神戸新聞（1999年2月19日号）．
99) 斎藤国治『飛鳥時代の天文学』河出書房新社（1982年）．
100) 関口和哉「石の都・飛鳥」千田稔・金子裕之編『飛鳥・藤原京の謎を掘る』文英堂（2000年）．
101) 高松塚壁画館編『高松塚壁画館解説』（財）飛鳥保存財団（2000年）．

文　献

102) 飛鳥古京顕彰会編『キトラ古墳と壁画』明日香村観光開発公社（2001年）．
103) 宮島一彦『キトラ古墳天井天文図』東亜天文学会（2000年）．
104) 坂本太郎他校注『日本書紀』岩波文庫黄版（1995年）．
105) 河上邦彦・菅谷文則・和田萃『飛鳥学総論』人文書院（1996年）．
106) 斎藤国治『古天文学の道』原書房（1990年）．
107) 「星の手帖」1979年秋号，68，河出書房新社（1979年）．
108) 赤羽賢司「星の手帖」1979年秋号，河出書房新社（1979年）．
109) 藤本正行「元素の起源」杉本大一郎編『星の進化と終末（現代天文学講座第7巻）』恒星社厚生閣（1982年）．
110) 美保関町監『美保関隕石』山陰中央新報社（1995年）．
111) 錦織慶樹編『美保関隕石』美保関町・美保関町教育委員会
112) 村山定男「星の手帖」1993年春号，河出書房新社（1993年）．
113) 大野智久「天界」Vol.78, No.11（1997年）．
114) 倉敷天文台編「倉敷天文台リーフレット」．
115) 片岡良子「天界」Vol.71, No.7（1990年）．
116) 国民文庫刊行会編『源平盛衰記』国民文庫刊行会（1911年）．
117) 村山定男「星の手帖」1991年秋号，河出書房新社（1991年）．
118) 渋谷五郎「山口県の自然」No.32, 山口県立山口博物館（1975年）．
119) 村岡豊「山口県の自然」No.10, 山口県立山口博物館（1963年）．
120) 国分寺町編『国分寺隕石』香川県国分寺町（1988年）．
121) 村山定男『天文おりおりの記』星の手帖社（1989年）．
122) 中村士・澤田平・長谷川桂子『江戸時代の天文・測量における精密測定の系譜 — 久米通賢の天文測量器具とバーニア副尺』日本科学史学会2000年5月年会予稿集（2000年）．
123) 香川県歴史博物館編『久米栄左衛門（特別展図録）』香川県歴史博物館（2002年）．
124) 村山定男「自然科学と博物館」Vol.20, No.10-12, 国立科学博物館（1953年）．
125) 五藤斎三『天文夜話』自費出版（東京都世田谷区）（1979年）．
126) 岡村啓一郎『土佐天文散歩』高知新聞社（1995年）．
127) 関勉『夜空を翔ける虹』三恵書房（1973年）．
128) 岡村啓一郎『土佐の暦学者たち』土佐出版社（1988年）．
129) 岡村啓一郎『片岡直次郎資料集』自費出版（高知市）（2000年）．
130) 島正子・村山定男「国立科学博物館研究報告，E類」，Vol.15（1992年）．
131) 「直方むかし第85話 — 須賀神社の飛石」市報のおがた4月号（1979年）．
132) 「直方むかし第95話 — 直方イン石」市報のおがた2月号（1980年）．
133) 村山定男「星の手帖」1980年冬号，河出書房新社（1980年）．
134) 宇治谷孟『続日本紀（下）全現代語訳』講談社学術文庫（2000年）．
135) 九州歴史資料館編『大宰府復元（大宰府史跡発掘30周年記念特別展図録）』九州歴史資料館（1998年）．
136) 伊東俊太郎他編『科学史技術史事典』弘文堂（1983年）．

文　献

137) 小田幸子・佐々木勝浩監『図録和時計』(財) 科学博物館後援会 (1981年).
138) 「里帰りからくり儀右衛門作品展（展覧会図録）」福岡県青少年科学館 (1999年).
139) 斉藤国治・篠沢志津代「東京天文台報」16巻第1冊 (1972年).
140) 斉藤国治・篠沢志津代「東京天文台報」16巻第2冊 (1973年).
141) 原口孝昭「天文月報」Vol.88, No.2 (1995年).
142) 田代庄三郎「天文月報」Vol.8, No.12 (1916年).
143) 西川治「伊能忠敬の顕彰史再考 ― 伊能図の地磁気の人脈 ―」東京地学協会編『伊能図に学ぶ』朝倉書店 (1988年).
144) 大崎正次『中国の星座の歴史』雄山閣 (1987年).
145) 田口正治『三浦梅園』吉川弘文館 (1997年).
146) 唐鎌祐祥『天文館の歴史』春苑堂出版 (1992年).
147) 鹿児島県編『鹿児島県史（第2巻）』鹿児島県 (1940年).
148) 岡田芳朗「日本各地の暦のすべて」暦の会編『暦の百科事典 2000年版』本の友社 (1999年).
149) 坂元鉄馬「天界」Vol.68, No.7 (1987年).
150) 北尾浩一「天文教育」Vol.13, No.4 (2001年).
151) 仲里村教育委員会編『久米島仲里村の文化財』仲里村 (1998年).
152) 仲里村誌編集委員会編『仲里村誌』仲里村 (1975年).
153) 黒島為一「情報やいま」No.119, 南山舎 (2002年).
154) 南のまほろば観光ガイドブック八重山編集委員会編『南のまほろば観光ガイドブック八重山』石垣市観光協会 (2001年).
155) 広瀬秀雄『太陽・月・星と日本人』雄山閣 (1979年).

　以上の引用文献の他，新谷正隆，佐藤利男，小池田忠蔵，坂下瓚，武石信之，監物邦男の各氏をはじめ，礼文町水産観光課，小清水小学校，金沢市商工観光課，石垣市他，全国各地の個人・団体からの私信を参考にさせていただいた．ここに改めてお礼申し上げます．

☆著者紹介

作花一志（1・5章）
1943年，山口県生まれ．京都情報大学院大学教授．専攻は計算天文学・統計解析学．著書『天文学入門』『Excelで学ぶ基礎数学』など．http://www.kcg.ac.jp/kcg/sakka

福江　純（4章）
1956年，山口県生まれ．大阪教育大学教授．専門は相対論的宇宙流体力学．著書『最新天文小辞典』（東京書籍），『100歳になった相対性理論』（講談社）など．http://quasar.cc.osaka-kyoiku.ac.jp/~fukue

臼井　正（3・5章）
1969年，群馬県生まれ．京都学園大学，大阪産業大学非常勤講師．専攻は銀河天文学．最近は平安京の方位決定法など天文学と文化との関わりについても興味をもっている．http://homepage3.nifty.com/silver-moon/

仲野　誠（7章）
1956年，大阪府生まれ．大分大学教育福祉科学部教授．専門は星形成領域の観測的研究．大学教養科目では天文学と人間との関わりという視点からSETIを含めた講義も行っている．http://kitchom.ed.oita-u.ac.jp/~mnakano/

西村昌能（8章）
1956年，京都府生まれ．京都府立洛東高等学校教諭．専門は恒星分光学，地学・天文教育，登山医学や科学史など．共著書『新・京都自然紀行』（人文書院）など．

松尾　厚（9～17章）
1955年，山口県生まれ．山口県立博物館学芸員（天文部門）．専攻は天文学，天文教育．近年は天文学史に関する調査を進める．共著書『宇宙をみせて』（恒星社厚生閣）など．

松村　巧（9～17章）
1951年，山口県生まれ．日本天文学会・東亜天文学会会員．専門は天文学史．数十年にわたり天文史跡に関する資料収集と調査に取り組んでいる．

横尾武夫（2章）
1939年，大阪府生まれ．大阪教育大学名誉教授．著書『宇宙を解く』，『宇宙を観るⅠ』，『宇宙を観るⅡ』（恒星社厚生閣）など．

吉川　真（6章）
1962年，栃木県生まれ．宇宙航空研究開発機構宇宙科学研究本部助教授．専攻は天体力学．共著『宇宙旅行ガイド』，『天文学への招待』など．

版権所有
検印省略

EINSTEIN SERIES volume12
歴史を揺るがした星々
天文歴史の世界

2006年6月5日　初版1刷発行

作花一志・福江 純 編

発行者　片岡　一成
製本・印刷　㈱シナノ

発行所／㈱恒星社厚生閣
〒160-0008　東京都新宿区三栄町8
TEL：03(3359)7371／FAX：03(3359)7375
http://www.kouseisha.com/

（定価はカバーに表示）

ISBN4-7699-1041-X　C3044

続々刊行予定　EINSTEIN SERIES
A5判・各巻予価3,300円

vol.1　星空の歩き方
　　　——今すぐできる天文入門
　　　　　　　　　　　　　　　　　　　　渡部義弥 著

vol.2　太陽系を解読せよ
　　　——太陽系の物理科学
　　　　　　　　　　　　　　　　　　　　浜根寿彦 著

vol.3　ミレニアムの太陽
　　　——新世紀の太陽像
　　　　　　　　　　　　　　　　　　　　川上新吾 著

vol.4　星は散り際が美しい
　　　——恒星の進化とその終末
　　　　　　　　　　　　　　　　　　　　山岡 均 著

vol.5　宇宙の灯台 パルサー
　　　184頁・3,465円（税込）
　　　　　　　　　　　　　　　　　　　　柴田晋平 著

vol.6　ブラックホールは怖くない？
　　　——ブラックホール天文学基礎編
　　　192頁・3,465円（税込）
　　　　　　　　　　　　　　　　　　　　福江 純 著

vol.7　ブラックホールを飼いならす！
　　　——ブラックホール天文学応用編
　　　184頁・3,465円（税込）
　　　　　　　　　　　　　　　　　　　　福江 純 著

vol.8　星の揺りかご
　　　——星誕生の実況中継
　　　　　　　　　　　　　　　　　　　　油井由香利 著

vol.9　活きている銀河たち
　　　——銀河の誕生と進化
　　　　　　　　　　　　　　　　　　　　富田晃彦 著

vol.10　銀河モンスターの謎
　　　——最新活動銀河学
　　　　　　　　　　　　　　　　　　　　福江 純 著

vol.11　宇宙の一生
　　　——最新宇宙像に迫る
　　　　　　　　　　　　　　　　　　　　釜谷秀幸 著

vol.12　歴史を揺るがした星々
　　　——天文歴史の世界
　　　232頁・3,465円（税込）
　　　　　　　　　　　　　　　　　　作花一志・福江 純 編

別巻　宇宙のすがた
　　　——観測天文学の初歩
　　　　　　　　　　　　　　　　　　　　富田晃彦 著

タイトル，価格には変更の可能性があります．